Konstruktionsbücher
Herausgeber Professor Dr.-Ing. E.-A. Cornelius, Berlin
3

Berechnung und Gestaltung der Federn

Von

Dipl.-Ing. Siegfried Groß
Essen

Mit 79 Abbildungen

Berlin
Verlag von Julius Springer
1939

ISBN-13: 978-3-642-89774-0 e-ISBN-13: 978-3-642-91631-1

DOI: 10.1007/978-3-642-91631-1

Inhaltsverzeichnis.

Einleitung.

I. Das Wesen und die kennzeichnenden Eigenschaften der Federn.

Alle festen Körper besitzen mehr oder minder große Elastizität oder Fedrigkeit, d. h. das Bestreben, nach Verformungen, die sie unter der Einwirkung äußerer Kräfte erfahren haben, wieder ihre ursprüngliche Gestalt anzunehmen. In dieser Eigenschaft liegt das Wesen der Feder begründet.

Als Federn im *engeren* Sinne sind Vorrichtungen anzusprechen, die durch zweckentsprechende Formgebung und Verwendung hochelastischen Baustoffes eigens dafür geschaffen sind, vermöge ihrer elastischen Formänderung mechanische Arbeit in potentielle Energie umzuformen und wieder in mechanische Arbeit zurückzuverwandeln. Hieraus entspringt die Eignung der Federn zur *Arbeitsspeicherung*, zur *Milderung von Stößen*, zur *Abfederung oder Steuerung bewegter Massen* und, wegen der gesetzmäßigen Abhängigkeit zwischen Kraft und Formänderung, zur *Kraftmessung*.

II. Baustoffe und Bauarten.

Bauart und Baustoff richten sich in erster Linie nach dem Verwendungszweck. Der wichtigste Werkstoff ist Stahl von hoher Festigkeit. Besonderen Anforderungen, wie Hitze- oder Korrosionsbeständigkeit, Antimagnetismus, geringer Wärmedehnung und Unabhängigkeit des elastischen Verhaltens von der Temperatur kann man durch geeignete Zusammensetzung des Stahles Rechnung tragen. Ihnen werden zum Teil auch Federwerkstoffe wie Messing, Bronze und andere Legierungen von Nichteisenmetallen gerecht. Daneben sind Federn im Gebrauch, welche die elastischen Eigenschaften nichtmetallischer Stoffe wie Gummi, Holz, Kork und Luft ausnutzen.

Das vorliegende Buch behandelt lediglich Federn aus Metall und im besonderen aus Stahl.

Stahl kann als Draht bis zu höchstens 120 mm² Querschnitt durch Kaltziehen und als Blech bis zu etwa 2 mm Dicke durch Kaltwalzen auf Federhärte gebracht werden. Kaltgezogene Drähte, sog. *naturharte* Drähte, sind aber in ihren stärkeren Abmessungen höchstens für Federn mittlerer Güte geeignet; hochwertige Schraubenfedern, z. B. Ventilfedern, werden dagegen aus Stahlsorten hergestellt, die durch *Vergüten*, d. h. durch eine geeignete Warmbehandlung, Federhärte erhalten. Bei kleinen Querschnitten kann das Vergüten *vor* der Formgebung erfolgen; bei allen größeren Querschnitten, die eine einwandfreie Formgebung in kaltem Zustand nicht mehr gestatten, muß das Vergüten *nach* der Formgebung vorgenommen werden.

Als Federstähle kommen reine Kohlenstoffstähle und legierte Stähle in Betracht. Die wichtigsten Legierungszusätze sind Silizium, Mangan und Chrom. Aus der großen Zahl der Federstähle sei hier als Beispiel nur der für die Blattfedern der Deutschen Reichsbahn vorgeschriebene Si-Mn-Stahl angeführt. Er hat die Zusammensetzung: 0,40—0,55% C; 1,50—1,80 Si; 0,5—0,75 Mn. Der Phosphor- und Schwefelgehalt darf je 0,05% nicht übersteigen. In federhartem Zustand muß dieser Stahl mindestens 140 kg/mm² Bruchfestigkeit, mindestens 110 kg/mm² Streckgrenze und (am kurzen Proportionalstab) mindestens 6% Bruchdehnung aufweisen. Bruchfestigkeit und Streckgrenze werden durch den Zugversuch festgestellt, gelten also für reine Zugbeanspruchung. Bei Drehbeanspruchung ergeben sich um etwa 30% niedrigere Werte, bei Biegebeanspruchung dagegen etwas höhere.

Sofern der Konstrukteur nicht über besondere Kenntnisse und Erfahrungen verfügt, wird er zweckmäßigerweise die Wahl der für einen bestimmten Verwendungszweck geeignetsten und wirtschaftlichsten Stahlsorte dem Federhersteller überlassen.

Das *Elastizitätsmaß* E (viel richtiger wäre die Bezeichnung Dehnwiderstand) des Federstahles ist etwa 2 100 000 kg/cm², das *Gleitmaß* G (richtiger der Gleitwiderstand) etwa 830 000 kg/cm². Bei Biegebeanspruchung ist E merkwürdigerweise etwas größer, nämlich $E \approx 2\,150\,000$ kg/cm². Um einem noch häufig anzutreffenden Irrtum zu begegnen, sei darauf hingewiesen, daß die genannten Werte für E und G *für alle Stahlsorten* gelten, und daß weder der Metallurge noch der Federhersteller an diesen naturgegebenen Größen auch nur das Geringste ändern kann.

Neben dem Stahl spielen andere Federwerkstoffe metallischer Art heute nur noch eine ganz untergeordnete Rolle. Trotzdem sollen hier wenigstens für Messing und Bronze die wichtigsten Eigenschaften angegeben werden. Diese beiden Metalle lassen sich nur durch Kaltziehen und Kaltwalzen auf Federhärte bringen. Da die Festigkeitseigenschaften sowie E und G in hohem Maße von dem Grad dieser die Federhärte herbeiführenden Kaltbearbeitung abhängen, können die hier mitgeteilten Zahlen lediglich als Richtwerte gelten.

	Bruchfestigkeit kg/mm²	Streckgrenze kg/mm²	E kg/cm²	G kg/cm²
Messing . .	~60	~50	~ 970 000	~360 000
Bronze . .	~90	—	~1 100 000	~450 000

Die Drehfestigkeit ist nur etwa 70% der Bruchfestigkeit.

Die Federn lassen sich nach der Art der Beanspruchung, der ihr Baustoff überwiegend unterworfen ist, im wesentlichen in drei große Gruppen einteilen, nämlich in Biegefedern, Drehfedern und Zug- und Druckfedern.

III. Zweck und Grundbegriffe der Federberechnung.

Die Federberechnung dient zur Ermittelung der für einen bestimmten Verwendungszweck geeignetsten Feder. Sie beruht im wesentlichen auf der Anwendung dreier Gleichungsgruppen, nämlich

1. der Abhängigkeit der *Verformung* von der Belastung oder der Federkraft von der Verformung;

2. der Abhängigkeit der *Beanspruchung* des Werkstoffes von der Belastung oder der Verformung;

3. der Abhängigkeit der *Federarbeit* von der Verformung und Belastung oder von der Beanspruchung.

Infolge der durch eine Last P hervorgerufenen Verformung der Feder verschiebt sich der Lastangriffspunkt um ein Stück f, das *Federung* oder *Federweg* (bei Biegefedern auch *Durchbiegung*) genannt wird. Die zeichnerische Darstellung von f in Abhängigkeit von P heißt die *Kennlinie* der Feder. Sie ist sehr häufig eine Gerade oder nahezu eine Gerade (Abb. 1); sie kann aber auch gekrümmt sein und zwar im allgemeinen in dem Sinne, daß die Zunahme f_2-f_1 der Federung für einen gleichbleibenden Lastzuwachs P_2-P_1 mit zunehmendem P immer kleiner wird (Abb. 2). Denkt man sich den Lastzuwachs P_2-P_1 sehr klein, dann wird auch f_2-f_1 sehr klein. Dann ist $\frac{f_2 - f_1}{P_2 - P_1} = \operatorname{tg}\alpha = C$ der Tangens des Neigungswinkels der Tangente an die Kennlinie. C heißt die *Einheitsfederung* (früher auch spezifische Federung genannt). Ihre Dimension ist cm/kg, wenn, wie üblich, in Zentimeter und Kilogramm gerechnet wird. Daneben ist besonders im Fahrzeugbau auch die Angabe der Einheitsfederung in mm/100 kg und mm/t gebräuchlich. Der Kehrwert $1/C = c$ heißt sinngemäß *Einheitskraft*, da er die Kraft oder Last je Einheit der Federung angibt; außerdem kommen die Bezeichnungen Federkonstante, Federsteife oder Federhärte vor. Der ziemlich nichtssagende Ausdruck Federkonstante hat höchstens dann eine gewisse Berechtigung, wenn die Federkennlinie eine Gerade (Abb. 1) und daher $c = P/f$ wirklich über die ganze Kennlinie hin unveränderlich ist. In diesem Falle sind die Tangente an die Kennlinie und die Kennlinie selbst ein und dieselbe Linie, und $C = f/P = \operatorname{tg}\alpha$ ist der Tangens des Winkels α, unter dem die Kennlinie gegen die P-Achse geneigt ist (s. Abb. 1).

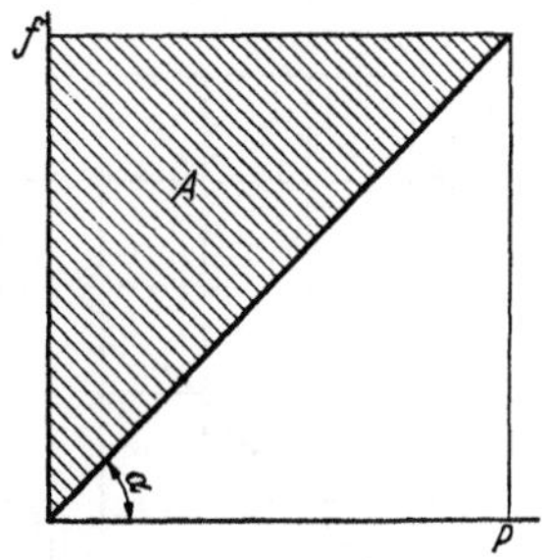

Abb. 1. Gerade Federkennlinie.

Bei praktisch gerader Kennlinie ist das elastische Verhalten einer Feder durch die Einheitsfederung oder durch die wegen ihrer Bedeutung für die Schwingungslehre eine noch größere Rolle spielende Einheitskraft ganz eindeutig bestimmt, so daß die Kennlinie nicht aufgezeichnet zu werden braucht. Dagegen wird sich das Aufzeichnen einer gekrümmten Kennlinie häufig nicht umgehen lassen, da sie sich nur punktweise errechnen läßt.

Die Frage nach der durch eine Kraft P oder eine Federung f hervorgerufenen *Beanspruchung* des Werkstoffes wird sich meistens durch Aufstellen ausreichend genauer Formeln für den *Höchstwert der Spannung* in Abhängigkeit von P und f beantworten lassen, da unter Berücksichtigung der Festigkeitseigenschaften des gewählten Werkstoffs nur dieser Höchstwert für die vom Festigkeitsstandpunkt richtige Bemessung einer Feder maßgebend ist. Besonders für die Bemessung solcher Federn, die dazu dienen sollen, bewegte Massen bis zum Stillstand zu verzögern (Pufferfedern), spielt *die Federarbeit* eine wichtige Rolle. Die Arbeit A einer Feder, deren Lastangriffspunkt infolge der Kraft P den Weg f zurücklegt, ist nach Abb. 1 und 2 durch die gestrichelte Fläche gekennzeichnet. Die Arbeit erhält man durch Ausmessen der Fläche und Multiplizieren mit den Maßstäben, in denen P und f aufgetragen sind. Bei gerader Kennlinie ist A einfach durch die Arbeitsgleichung $A = \frac{1}{2} P f$ gegeben. Setzt man die als bekannt vorausgesetzten Beziehungen zwischen P und f einerseits und der Beanspruchung anderseits in die Arbeitsgleichung ein, so erhält man die Federarbeit in Abhängigkeit von der Beanspruchung und vom Federvolumen. Der Proportionalitätsfaktor ist eine allein von der Gestalt der Feder abhängige Kennzahl k. Sie gibt an, wie die Volumeneinheit oder auch die Gewichtseinheit des Werkstoffes verschieden gestalteter, aber aus demselben Werkstoff bestehender Federn bei gleicher Beanspruchung ausgenutzt wird.

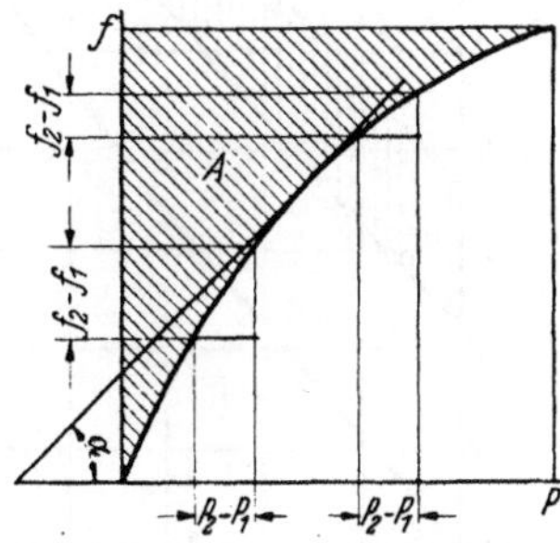

Abb. 2. Gekrümmte Federkennlinie.

IV. Die zulässigen Spannungen.

Noch immer findet man die Ansicht vertreten, eine Feder dürfte unbedenklich bis zur Streckgrenze oder sogar bis dicht an die Bruchfestigkeit des Werkstoffes beansprucht werden. Wenn eine Feder *ruhend* belastet ist oder nur selten Belastungsschwankungen unterworfen ist, bestehen gegen diese Auffassung keine Bedenken. Bei einer mäßigen Überlastung wird auch die Feder nicht brechen, sondern sich bleibend verformen; die Feder hat sich *gesetzt*, wie der Werkstattausdruck lautet. Die weitaus meisten Federn sind jedoch Belastungen unterworfen, deren Größe häufig und rasch wechselt. Bei dieser Art der Beanspruchung zeigt der Werkstoff ein ganz anderes Verhalten. Übersteigen Größe und Zahl der Lastwechsel und damit der Spannungsschwankungen, deren Höchstwerte weit unter der Streckgrenze liegen können, einen bestimmten Wert, so bricht die Feder ohne bleibende Verformung. Das einzige Anzeichen des bevorstehenden *Dauerbruches* ist die Bildung von Haarrissen. Der Dauerbruch ist auffallend glatt und zeigt meistens konzentrische Linien um die Ausgangsstelle des Bruches; der Gewaltbruch hingegen ist viel rauher und oft sogar faserig (Holzfaserbruch). Wenn Federn häufig Lastwechseln unterworfen sind, wie es insbesondere bei Ventilfedern der Fall ist, so sind für die Federberechnung nicht mehr die statischen Eigenschaften des Werkstoffes, wie sie der Zerreiß- oder Verdrehungsversuch liefert, maßgebend, sondern seine *Dauerfestigkeitswerte*.

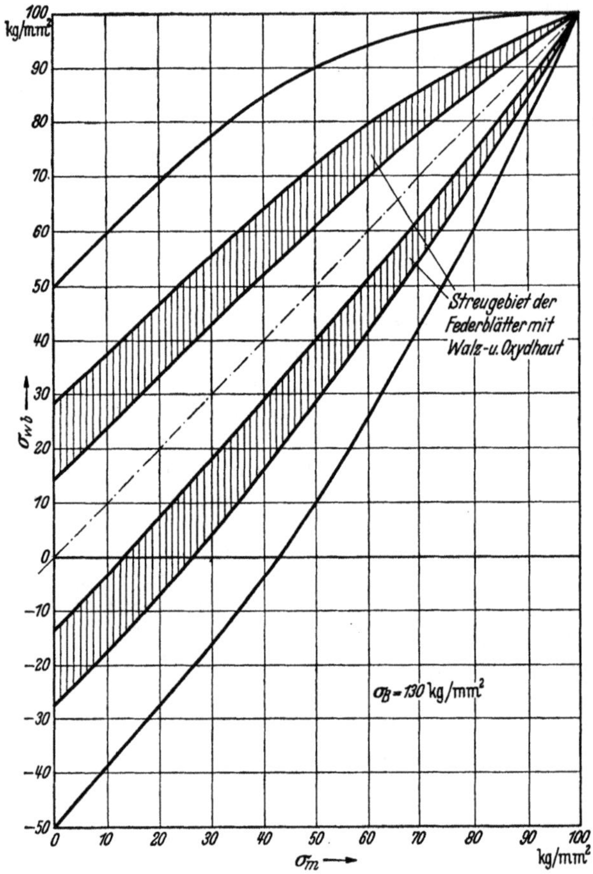

Abb. 3. Dauerfestigkeitsschaubild für Blattfedern.

Wenn die Belastung einer Feder zwischen einer oberen und einer unteren Grenze schwankt, entsprechen diesen Lastschwankungen verhältnisgleiche Spannungsschwankungen zwischen einer oberen und einer unteren Grenze. Der *halbe* Unterschied zwischen oberer und unterer Spannungsgrenze heißt *Wechselspannung*, während ihr arithmetisches Mittel *Mittelspannung* (σ_m oder τ_m, je nachdem ob die Feder Normal- oder Schubspannungen unterworfen ist) genannt wird; wenn man z. B. sagt, eine Feder ist mit 2500 ± 1000 kg/cm² beansprucht, so ist damit gemeint, daß sie bei einer Mittelspannung von 2500 kg/cm² einer Wechselspannung von 1000 kg/cm² unterworfen ist, daß also ihre Spannung zwischen $2500 + 1000 = 3500$ kg/cm² und $2500 - 1000 = 1500$ kg/cm² schwankt. Versuche haben gezeigt, daß Dauerbrüche *nicht* auftreten, wenn die Wechselspannung *unterhalb* eines bestimmten Grenzwertes, des *Spannungsausschlages der Dauerfestigkeit* σ_a oder τ_a, bleibt. σ_a und τ_a

hängen von der Art und Festigkeit des Werkstoffes, bei ein und demselben Werkstoff aber wiederum von der Mittelspannung und von der Oberflächenbeschaffenheit der Feder ab. Unsere Kenntnisse von der Dauerfestigkeit der Federn sind heute leider noch recht lückenhaft. Immerhin liegen so viele Versuchsergebnisse vor, daß sich wenigstens grobe Mißgriffe vermeiden lassen. Die Abb. 3 und 4 zeigen Dauerfestigkeitsschaubilder für Blattfedern (Biegefedern) und Ventilfedern (drehungsbeanspruchte Schraubenfedern). Über den Mittelspannungen σ_m und τ_m sind jeweils die Spannungsausschläge der Dauerfestigkeit aufgetragen. Abb. 3 zeigt, daß die Dauerfestigkeit geschliffener Federblätter bei $\sigma_m = 0$ $\sigma_{wb} = \pm 50$ kg/mm^2 $= \pm 5000$ kg/cm^2 beträgt. (Die Dauerfestigkeit für $\sigma_m = 0$ (oder auch $\tau_m = 0$) heißt *Wechselfestigkeit* und wird bei Biegung mit σ_{wb} (s. Abb. 3), bei Drehung mit τ_w bezeichnet.) Bei $\sigma_m = 50$ kg/mm^2 $= 5000$ kg/cm^2 dagegen darf die Biegespannung geschliffener Blätter entsprechend der oberen und unteren Grenzkurve der Abb. 3 äußerstens zwischen $+ 90$ kg/mm^2 und $+ 10$ kg/mm^2 schwanken. Der Spannungsausschlag der Dauerfestigkeit beträgt also für $\sigma_m = 5000$ kg/cm^2 nur noch $\pm \frac{1}{2}$ (9000$-$1000) $= \pm 4000$ kg/cm^2 und nimmt mit wachsendem σ_m immer stärker ab. Für Federblätter mit Walzhaut gelten die beiden inneren Kurvenpaare der Abb. 3. Da die Walzhaut von verschiedener Rauhigkeit und Dicke sein kann, ergibt sich der gestrichelte Streubereich. Jedenfalls sind die Spannungsausschläge der Dauerfestigkeit hier nur noch etwa halb so groß wie bei geschliffener Oberfläche. Abb. 4 gilt bereits für einen bestimmten Oberflächenzustand, nämlich für geschliffenen Rundstahl, nach dem Wickeln der Feder gehärtet und angelassen; sie offenbart im übrigen die Tatsache, daß sich die Dauerfestigkeit drehungsbeanspruchter Federn bis zu großen Werten der Mittelspannung τ_m auf derselben Höhe hält. Über die Größe des Spannungsausschlages der Dauerfestigkeit σ_a, τ_a läßt sich auf Grund der bisher vorliegenden Versuchsergebnisse in großen Zügen folgendes sagen (die folgenden Zahlenangaben wie auch die Abb. 3 und 4 sind dem Buch: GROSZ und LEHR, Die Federn, VDI-Verlag GmbH., Berlin 1938, entnommen):

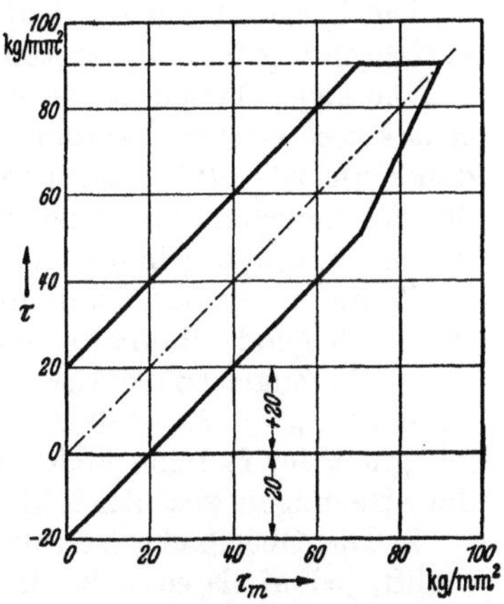

Abb. 4. Dauerfestigkeitsschaubild für zylindrische Schraubenfedern (Ventilfedern mittlerer Güte).

1. Blattfedern aus Cr-Si-, Si-Mn-, Cr-Va-, 2%-Mn- oder 2%-Si-Federstahl mit $\sigma_B =$ rd. 140 kg/mm^2 bei $\sigma_m = 50$ kg/mm^2

a) geschliffene Oberfläche $\sigma_a = \pm 40$ bis 45 kg/mm^2,

b) Federblätter mit Walzhaut gehärtet und angelassen $\sigma_a = \pm 12$ bis 20 kg/mm^2,

c) betriebsfertige geschichtete Blattfedern üblicher Herstellung; Federblätter mit Walzhaut sorgfältig geschmiert, so daß Scheuerstellen vermieden werden, $\sigma_a =$ rd. ± 10 bis 12 kg/mm^2.

2. Ventilfedern (Schraubenfedern) aus C-Stahl oder Cr-Si-Stahl, Drahtstärke bis 5 mm:

a) Federn aus fehlerfreiem, blankgezogenem Ringmaterial, kalt gewickelt, dann angelassen $\tau_a = \pm 15$ bis 17 kg/mm^2,

b) Federn aus spitzenlos geschliffenen Stangen, kalt gewickelt, dann gehärtet und angelassen $\tau_a = \pm 20$ bis 25 kg/mm^2,

c) Federn aus spitzenlos geschliffenen Stangen kalt gewickelt, dann nach besonderem Verfahren gehärtet und weiter behandelt $\tau_a = \pm 28$ bis 32 kg/mm^2,

d) bisher beobachteter Höchstwert $\tau_a = \pm 35$ kg/mm².

3. Starkdrähtige Schraubenfedern aus Cr-Si- oder Mn-Si-Stahl:

a) Federn aus fehlerfreiem Walzmaterial warm gewickelt, dann gehärtet und angelassen $\tau_a = \pm 4$—6 kg/mm²,

b) Federn aus abgedrehten und geschliffenen Stangen warm gewickelt, dann unter besonderen Maßnahmen zur Vermeidung der Randentkohlung gehärtet und angelassen $\tau_a = \pm 10$—16 kg/mm².

4. Drehstabfedern aus Cr-Si- oder Cr-Va-Stahl von $d = 20$—35 mm Durchmesser mit Übergangshohlkehlen an den Stabköpfen, die so groß bemessen sind, daß das Widerstandsmoment des der Verzahnung einbeschriebenen Querschnitts wenigstens dreimal so groß ist wie das Widerstandsmoment des Stabschafts, $\tau_a = \pm 14$—28 kg/mm².

Die Ursachen für die Unterschiede der Dauerfestigkeit sind im Herstellungsverfahren begründet, konnten aber bisher im einzelnen noch nicht geklärt werden.

Die angegebenen Werte stellen Grenzwerte dar, also Wechselspannungen, die *gerade noch* ertragen werden. Als *zulässige* Größe des Spannungsausschlages sind daher um 20—30% niedrigere Werte anzusetzen. Die Auswahl des Werkstoffes, die Wärmebehandlung und die Oberflächenbearbeitung werden von Fall zu Fall im engen Einvernehmen mit der Federfabrik festzulegen sein.

Wenn ein großer Spannungsausschlag der Dauerfestigkeit erzielt werden soll, müssen folgende Maßnahmen ergriffen werden:

1. Die Zugfestigkeit des fertig vergüteten Werkstoffs soll, wenn angängig, nicht höher als $\sigma_B = 120$—130 kg/mm² sein, da dann der Spannungsausschlag der Dauerfestigkeit der fertigen Feder meist größer ist als bei $\sigma_B = 140$—160 kg/mm², und die Streuungen wesentlich kleiner werden.

2. Die Oberfläche ist vor dem Härten zu bearbeiten, möglichst mit Feinstschliff, jedenfalls so weit, daß die Walzhaut und die entkohlte Schicht entfernt werden und eine glatte, fehlerfreie Oberfläche entsteht.

3. Das Härteverfahren muß so gewählt werden, daß eine Entkohlung der Oberfläche sicher vermieden, und möglichst noch eine geringfügige Aufkohlung erzielt wird.

4. Die Oberfläche ist nach dem Härten oder Anlassen, wenn irgend möglich, nochmals zu schleifen oder zu polieren, so daß die Oxydhaut entfernt wird. Ist dies nicht angängig, so ist die Oberfläche mit dem Sandstrahlgebläse abzublasen oder durch Abblasen mit Stahlschrot zu verdichten.

5. Die Oberfläche ist sorgfältig vor Korrosion und vor dem Entstehen von Schrammen und Scheuerstellen zu bewahren.

Diese Bemerkungen dürften zur Einführung in dieses schwierige Gebiet genügen. Sie sollen den Konstrukteur vor allem darauf hinweisen, daß bei der Herstellung von Federn hoher Dauerfestigkeit eine enge Zusammenarbeit mit der Federfabrik notwendig ist, und daß die Auswahl des Federwerkstoffes und das Fertigungsverfahren von Fall zu Fall erwogen werden müssen. Jedenfalls sei nachdrücklichst davor gewarnt, beim Entwurf von Federn für Wechselbeanspruchung über die angegebenen Werte hinauszugehen. Es sollten, wenn es die Raumverhältnisse gestatten, möglichst die unteren Grenzwerte angestrebt werden. Auch muß man sich von Fall zu Fall über die etwa zu erwartenden Zusatzbeanspruchungen, z. B. infolge von Resonanzschwingungen (bei Ventilfedern), Klarheit verschaffen und dafür sorgen, daß die dabei zu erwartenden Spitzenwerte der Wechselbeanspruchung unter den angegebenen Grenzwerten bleiben. In jedem Fall müssen die *wirklichen Höchstbeanspruchungen* in Betracht gezogen werden und nicht die Spannungen, die sich aus Näherungsrechnungen ergeben.

Erster Teil.

Die Biegefedern.

I. Stabförmige Biegefedern.

1. Die Grundgesetze der Biegelehre. Ein aus federndem Werkstoff bestehender gerader Stab AB von der Länge l sei am Ende A fest eingespannt (Abb. 5). Läßt man am freien Ende B die Last P angreifen, so nimmt die Stabachse die gekrümmte Gestalt AB' an, welche die *Biegelinie* des Stabes genannt wird. Die Verschiebung $BB' = f$ des Lastangriffspunktes B heißt, wie schon in der Einleitung erwähnt, die *Federung* oder, da es sich um eine Biegefeder handelt, auch *Durchbiegung*. Die Verschiebung $CC' = y$ eines Punktes C im Abstand x von der Einspannstelle A ist durch die Gleichung der Biegelinie gegeben, die für $x = l$ selbstverständlich die Durchbiegung $BB' = f$ liefert. Die Durchbiegung eines einseitig eingespannten Stabes, dessen Querschnitt über die ganze Stablänge l hin dieselbe Größe und Gestalt hat, ist

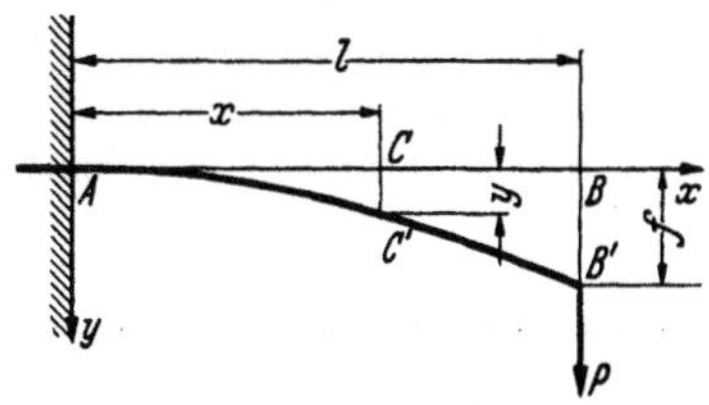

Abb. 5. Die Biegelinie der einarmigen einfachen Blattfeder.

$$f = \frac{l^3 P}{3\,EJ} \tag{1}$$

In dem Produkt EJ, das die *Biegesteifigkeit* genannt wird, ist das *Elastizitätsmaß* E eine Werkstoffkonstante und J das *Flächenträgheitsmoment*, bezogen auf die zur Biegeebene (d. h. zur Zeichenebene der Abb. 5) senkrechte Schwerachse des Querschnittes. Bekanntlich ist $J = \frac{\pi d^4}{64}$ für Kreisquerschnitt und $J = \frac{b h^3}{12}$ für Rechteckquerschnitt. Errechnet man aus Gl. (1) die f für verschiedene Werte von P und trägt sie über den P in einem Schaubild auf, so ergibt sich die *Kennlinie*, die im vorliegenden Falle, da f in demselben Verhältnis wie P wächst, eine *Gerade* ist (Abb. 1).

Größe und Gestalt des Stabquerschnittes sind nicht immer über die Stablänge l hin unveränderlich (s. Abb. 8—10). Dann ändert auch die Gl. (1) ihre Gestalt (s. Tab. 1).

Bei der Biegung des betrachteten Stabes erfahren die auf der konvexen (gewölbten) Seite liegenden Werkstoffasern eine elastische Dehnung, die auf der konkaven (hohlen) Seite gelegenen Fasern dagegen eine elastische Zusammendrückung. Diesen Dehnungen und Zusammendrückungen entsprechen nach dem Hookeschen Gesetz Zugspannungen in den gezogenen und Druckspannungen in den gedrückten Fasern. Sie werden, da es sich um einen Biegevorgang handelt, unter der Bezeichnung *Biegespannungen* zusammengefaßt. Abb. 6a soll im Längsschnitt die in Abb. 5 mit C' bezeichnete Stelle des gebogenen Stabes darstellen, der zur Vereinfachung der Betrachtung einen rechteckigen Querschnitt von der Höhe h und der Breite B (s. Abb. 6b) besitzen möge. Die Linie NON trennt die gedehnten Fasern (oberhalb NON) von den gedrückten (unterhalb NON) und heißt, da in ihr die

Spannung gleich Null ist, die *Linie der Nullschicht*. Sie verbindet die Schwerpunkte aufeinander folgender Stabquerschnitte miteinander, geht also auch durch den Schwerpunkt 0 des gerade betrachteten Querschnittes und ist mit der Biegelinie identisch. Die Dehnungen und Zusammendrückungen sind dem Abstand von *NON* verhältnisgleich. Entsprechend verhalten sich nach dem Hookeschen Gesetz die Spannungen, die in Abb. 6a durch Spannungspfeile angedeutet sind. In dem die Stelle C' der Abb. 5 darstellenden Querschnitt aOa' wächst die Spannung von Null im Schwerpunkt O geradlinig auf die größte Zugspannung $ab = \sigma_x$ und auf die größte Druckspannung $a'b' = -\sigma_x$. Wegen der Achsensymmetrie des Rechteckquerschnittes ist $ab = a'\,b'$, d. h. die größte Zugspannung und die größte Druckspannung sind einander gleich und zwar über die ganze Breite B des Querschnittes hin. Für diese größten Spannungen ist, da sie am oberen Rande m—n und am unteren Rande o—p des Querschnittes auftreten (s. Abb. 6b), auch die Bezeichnung *Randspannung* üblich. Im vorliegenden Falle soll der bei σ_x gebrauchte Zeiger x andeuten, daß es sich um die Biegespannung an der Stelle des Stabes handelt, die von der Einspannstelle den Abstand x besitzt. Die Biegespannung an der Einspannstelle selbst ($x = 0$) sei einfach mit σ bezeichnet. Zwischen σ_x, P und x besteht die Beziehung

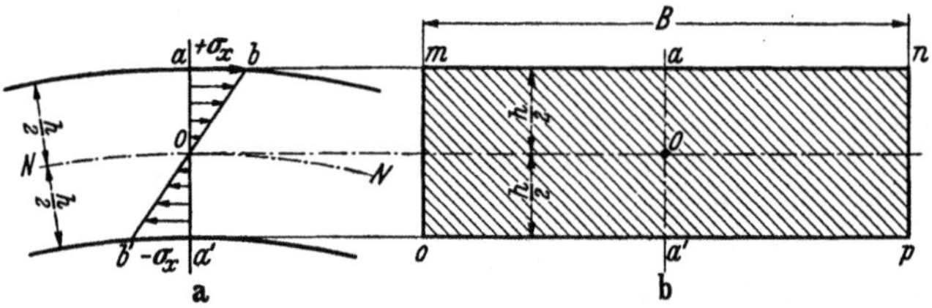

Abb. 6a u. b. Die Spannungen im Querschnitt eines gebogenen Stabes.

$$\sigma_x = \frac{(l - x)\,P}{W} \tag{2}$$

Es ist $(l—x)\ P$ das auf die Stelle x ausgeübte *Biegemoment*, und W das *Widerstandsmoment* des Stabes an dieser Stelle. Für einen Rechteckquerschnitt von der Breite B und der Höhe h ist bekanntlich $W = 1/6\ Bh^2$, so daß in diesem Falle Gl. (2) in

$$\sigma_x = \frac{6\,(l - x)\,P}{B\,h^2} = \frac{6\,l\,P}{B\,h^2}\left(1 - \frac{x}{l}\right) \tag{3}$$

übergeht. Um z. B. die Spannung σ an der Einspannstelle zu erhalten, muß man in Gl. (3) $x = 0$ setzen und außerdem die an der Einspannstelle vorhandenen Maße für B und h einführen, sofern sie sich von den Maßen an der Stelle x unterscheiden. Auf diese Weise läßt sich der Spannungsverlauf über die ganze Stablänge hin verfolgen.

2. Die einfache Blattfeder. Die Abb. 7—10 stellen die fünf wichtigsten Formen der *einarmigen* Stabfeder dar. Da sie zum mindesten an der Einspannstelle mit einem im Verhältnis zu seiner Höhe ziemlich breiten Rechteckquerschnitt ausgeführt zu werden pflegt, heißt sie allgemein Blattfeder und zwar *einfache* Blattfeder, weil sie nur aus *einem* Federblatt besteht. Ihre Gestalt ist durch ihren Grundriß (Verlauf der Blattbreite) und ihren Längsschnitt (Verlauf der Blattdicke) gekennzeichnet.

Die einfachste Blattfeder ist die Rechteckfeder gleicher Blattstärke nach Abb. 7. Sie läßt sich leicht und sehr wirtschaftlich herstellen, hat aber den Mangel, daß sie den Werkstoff sehr schlecht ausnutzt. Denn nach Spalte 2 und 3 der Tab. 1 nimmt die Biegespannung nach Gl. (3) von ihrem größten Wert an der Stelle $x = 0$ (Einspannstelle) geradlinig auf den Wert Null an der Stelle $x = l$ (Lastangriffspunkt) ab, weil das Biegemoment $(l-x)\,P$ von seinem größten Wert lP für $x = 0$ geradlinig auf Null für $x = l$ sinkt, während das Widerstandsmoment überall den Wert $W = \frac{B\,h^2}{6}$ hat. Mit Ausnahme der Einspannstelle, deren Biegespannung mit der zulässigen Spannung in Einklang gebracht werden muß, ist also die Feder zu niedrig beansprucht. Die schlechte Werkstoffausnutzung kommt in dem niedrigen Wert 1/18 der Kennzahl (s. Abschn. III der Einleitung) nach Spalte 7 zum Ausdruck.

Das Bestreben, den Werkstoff über die ganze Länge l der Feder gleich hoch zu beanspruchen, führt auf die Dreieckfeder gleicher Blattstärke nach Abb. 8. Da das Widerstandsmoment bei gleicher Blattstärke h der Blattbreite verhältnisgleich ist, und da die Blattbreite bei dreieckigem Federgrundriß mit wachsendem x gerad-

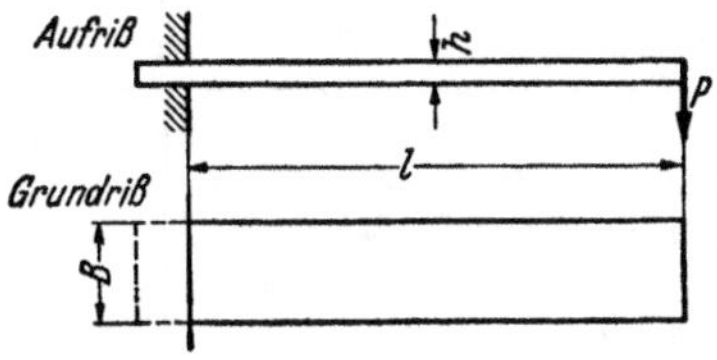

Abb. 7. Rechteckfeder gleicher Blattstärke h.

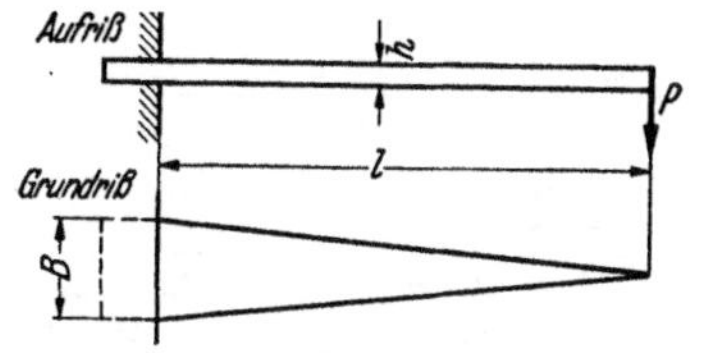

Abb. 8. Dreieckfeder gleicher Blattstärke h.

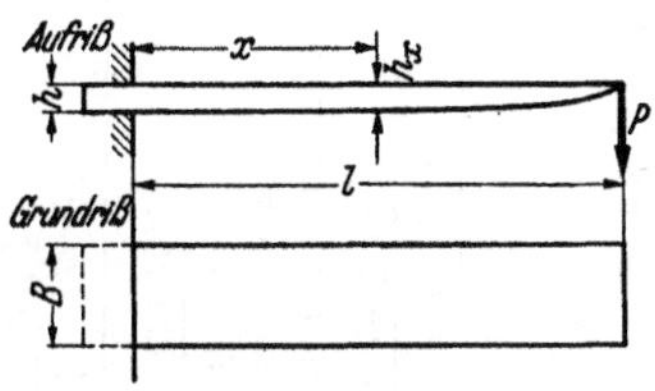

Abb. 9. Rechteckfeder. Die Blattstärke verläuft

a) nach der *gemeinen* Parabel $h_x = \sqrt{1 - \frac{x}{l}}\,h$,

b) nach der *kubischen* Parabel $h_x = \sqrt[3]{1 - \frac{x}{l}}\,h$.

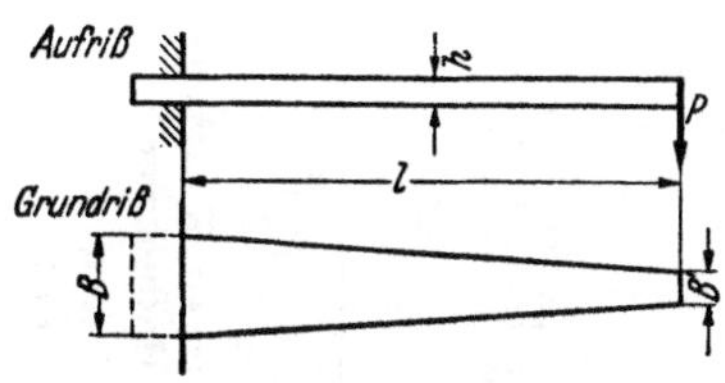

Abb. 10. Trapezfeder gleicher Blattstärke h.

linig abnimmt, nimmt auch das Widerstandsmoment nach einer geraden Linie ab. Mithin ist das Verhältnis des Biegemomentes $(l-x)\,P$ zum Widerstandsmoment $\frac{l-x}{l}\cdot\frac{B\,h^2}{6}$ überall gleich groß und damit auch die Biegespannung. Die Werkstoffausnutzung ist daher mit $k = {}^1/_6$ nach Spalte 7 der Tab. 1 nicht weniger als dreimal so groß wie bei der Rechteckfeder nach Abb. 7. Denn die Dreieckfeder hat bei nur halbem Volumen eine um 50% größere Durchbiegung (Spalte 5), gleiches B, h und l und damit auch gleiches σ vorausgesetzt. Nun spielt aber beim Entwurf von Blattfedern meistens weniger das Federvolumen, also der Werkstoffaufwand, als der *Raumbedarf* eine Rolle, der durch die Blattstärke h und durch das dem Grundriß umschriebene Rechteck $B \cdot l$ gegeben ist. In dieser Hinsicht ist die Überlegenheit der Dreieckfeder über die einfache Rechteckfeder nicht so groß. Denn nach den jeweils zweiten Ausdrücken für die Federarbeit in Spalte 6 ist der Zahlenfaktor ${}^1/_{12}$ der Dreieckfeder nur um 50% größer als der Faktor ${}^1/_{18}$ der Rechteckfeder.

Einen Vorteil in dieser Hinsicht bringt die Rechteckfeder, deren Blattstärke nach einer gemeinen Parabel verläuft (Abb. 9). Sie ist ebenfalls eine Feder gleicher Festigkeit und nutzt zwar den Werkstoff nicht besser aus als die Dreieckfeder (ebenfalls $k = {}^1/_6$ nach Spalte 7), aber ihre Durchbiegung und die Federarbeit — ent-

Tabelle 1.

1 Art der Feder	2 Verlauf der Biegespannung σ_x	3 Größte Biegespannung σ (für $x = 0$)	4 Gleichung der Biegelinie	5 Durchbiegung	6 Federarbeit	7 Kennzahl k Federvolumen V
Abb. 7. Rechteckfeder gleicher Blattstärke	$\sigma_x = \frac{6\,l\,P}{B\,h^2}\left(1-\frac{x}{l}\right)$	$\sigma = \frac{6\,l\,P}{B\,h^2}$	$y = 2\,\frac{l^3\,P}{B\,h^3\,E}\left(\frac{x}{l}\right)^2\left(3-\frac{x}{l}\right)$	$f = 4\,\frac{l^3\,P}{B\,h^3\,E}$ $= \frac{2}{3}\,\frac{l^2}{h}\,\frac{\sigma}{E}$	$A = \frac{P\,f}{2}$ $= \frac{1}{18}\,\frac{B\,h\,l}{E}\,\sigma^2$ $= \frac{1}{18}\,\frac{V}{E}\,\sigma^2$	$k = \frac{1}{18}$ $V = B\,h\,l$
Abb. 8. Dreieckfeder gleicher Blattstärke	$\sigma_x = \sigma = \frac{6\,l\,P}{B\,h^2}$		$y = 6\,\frac{l^3\,P}{B\,h^3\,E}\left(\frac{x}{l}\right)^2$ Die Biegelinie ist ein *Kreisbogen* mit dem Halbmesser $\varrho = \frac{B\,h^3\,E}{12\,l\,P}$	$f = 6\,\frac{l^3\,P}{B\,h^3\,E}$ $= \frac{l^2\,\sigma}{h\,E}$	$A = \frac{P\,f}{2}$ $= \frac{1}{12}\,\frac{B\,h\,l}{E}\,\sigma^2$ $= \frac{1}{6}\,\frac{V}{E}\,\sigma^2$	$k = \frac{1}{6}$ $V = \frac{1}{2}\,B\,h\,l$
Abb. 9. Rechteckfeder. Die Blattstärke verläuft nach einer *gemeinen* Parabel	$\sigma_x = \sigma = \frac{6\,l\,P}{B\,h^2}$		$y = 4\,\frac{l^3\,P}{B\,h^3\,E}\left[\sqrt{1-\frac{x}{l}}^{\,3} + 6\,\frac{x}{l} - 4\right]$	$f = 8\,\frac{l^3\,P}{B\,h^3\,E}$ $= \frac{4}{3}\,\frac{l^2\,\sigma}{h\,E}$	$A = \frac{P\,f}{2}$ $= \frac{1}{9}\,\frac{B\,h\,l}{E}\,\sigma^2$ $= \frac{1}{6}\,\frac{V}{E}\,\sigma^2$	$k = \frac{1}{6}$ $V = \frac{2}{3}\,B\,h\,l$
Abb. 9. Rechteckfeder. Die Blattstärke verläuft nach einer *kubischen* Parabel	$\sigma_x = \frac{6\,l\,P}{B\,h^2}\sqrt[3]{1-\frac{x}{l}}$	$\sigma = \frac{6\,l\,P}{B\,h^2}$	$y = 6\,\frac{l^3\,P}{B\,h^3\,E}\left(\frac{x}{l}\right)^2$ Die Biegelinie ist ein Kreisbogen mit dem Halbmesser $\varrho = \frac{B\,h^3\,E}{12\,l\,P}$	$f = 6\,\frac{l^3\,P}{B\,h^3\,E}$ $= \frac{l^2\,\sigma}{h\,E}$	$A = \frac{P\,f}{2}$ $= \frac{1}{12}\,\frac{B\,h\,l}{E}\,\sigma^2$ $= \frac{1}{9}\,\frac{V}{E}\,\sigma^2$	$k = \frac{1}{9}$ $V = \frac{3}{4}\,B\,h\,l$
Abb. 10. Trapezfeder gleicher Blattstärke	$\sigma_x = \frac{6\,l\,P}{B\,h^3}$ $\times\,\frac{1-\frac{x}{l}}{1-\left(1-\frac{B'}{B}\right)\frac{x}{l}}$	$\sigma = \frac{6\,l\,P}{B\,h^2}$	$y = 6\,\frac{l^3\,P}{B\,h^3\,E}\,\frac{1}{1-\frac{B'}{B}}\left\{\left(\frac{x}{l}\right)^2 +\right.$ $\left. + \;\frac{2}{1-\frac{B'}{B}}\left[-\frac{x}{l}-\left(\frac{1}{1-\frac{B'}{B}}-\frac{x}{l}\right)\right.\right.$	$f = 4\,K\,\frac{l^3\,P}{B\,h^3\,E}$ $= \frac{2}{3}\,K\,\frac{l^2\,\sigma}{h\,E}$	$A = \frac{P\,f}{2}$ $= \frac{K}{18}\,\frac{B\,h\,l}{E}\,\sigma^2$ $= \frac{K}{9}\,\frac{1}{\ldots B'}\,\frac{V}{E}\,\sigma^2$	$k = \frac{1}{9}\,\frac{K}{1+\frac{B'}{B}}$ $V = \frac{1}{2}\,B\,h\,l\left(1+\frac{B'}{B}\right)$

sprechend $^1/_8$ gegenüber $^1/_{12}$ nach Spalte 6 — sind um $^1/_3$ größer. Mit ihrem großen, über die ganze Länge l gleich hoch beanspruchten Volumen $V = {}^2/_3 Bhl$ ist sie die leistungsfähigste Blattfeder, die sich in einem gegebenen Raum unterbringen läßt. Sie hat vor der Dreieckfeder auch den Vorzug, wirklich ausführbar zu sein. Das freie Federende B (s. Abb. 5) muß endliche Abmessungen haben, um die Last P aufnehmen zu können. Das ist aber bei der in eine Spitze auslaufenden Dreieckfeder nicht der Fall. Bei der Rechteckfeder nach Abb. 9 dagegen braucht man nur in unmittelbarer Nähe des Punktes B vom theoretisch richtigen Verlauf der gemeinen Parabel abzuweichen, um einen zur Lastaufnahme geeigneten Nocken oder ein Federauge ausbilden zu können.

Weniger günstig ist die Rechteckfeder, deren Blattstärke nach einer kubischen Parabel verläuft (Abb. 9). Trotz größeren Volumens ist sie bei gleichem Raumbedarf nicht so leistungsfähig wie die Feder nach der gemeinen Parabel. Sie wird hier nur erwähnt, weil sie hinsichtlich der Durchbiegung und der Gestalt der Biegelinie mit der Dreieckfeder genau übereinstimmt (s. Spalte 4 der Tab. 1).

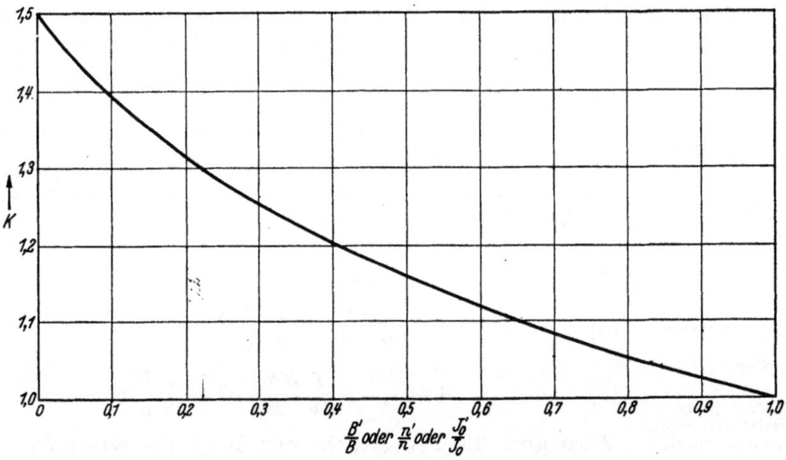

Abb. 11. Beiwert K zur Berechnung der Trapezfedern.

Die beiden Rechteckfedern mit veränderlicher Blattstärke nach Abb. 9 sind leider schwer herstellbar und daher kostspielig. Dieser Nachteil fällt so ins Gewicht, daß man meistens unter Verzicht auf höchste Leistungsfähigkeit eine einfachere Federform zu wählen gezwungen ist. Eine solche bietet sich in der Trapezfeder gleicher Blattstärke nach Abb. 10. Ihr Grundriß ist, wie schon der Namen besagt, ein Trapez. Ihre Eigenschaften hängen selbstverständlich von dem Verhältnis B'/B der Breite B' am freien Ende und der Breite B an der Einspannstelle ab. Die Rechteckfeder nach Abb. 7 und die Dreieckfeder nach Abb. 8 stellen also Grenzfälle der Trapezfeder dar, womit schon gesagt ist, daß diese höchstens so günstig sein kann wie die Dreieckfeder. Aber es läßt sich mühelos ein Nocken oder Federauge am freien Ende vorsehen. In den Formeln der Spalten 4—7 der Tab. 1 erscheint der von B'/B abhängige Beiwert K, der aus Abb. 11 entnommen werden kann. Einen guten (bis zu 4% zu großen) Näherungswert für K liefert die Formel[1]

$$K = \frac{3}{2 + B'/B}\,.$$

[1] Witzig, K.: Zur Berechnung von Tragfedern für Eisenbahnfahrzeuge. Schweiz. Bauztg. Bd. 72 (1918), Nr. 26, S. 249.

Die bisher angestellten Betrachtungen setzen voraus, daß die Federn in unbelastetem Zustand *gestreckt* sind und unter der Last P eine durch die Gleichung der Biegelinie gegebene Gestalt annehmen. Es ist aber auch der Fall denkbar, daß die Feder in unbelastetem Zustand *gekrümmt* ist und durch die Last P in die Strecklage gebogen wird. Die angegebenen Berechnungsformeln gelten dann ebenfalls; die Gleichung der Biegelinie nach Spalte 4 der Tab. 1 liefert allerdings nicht mehr unmittelbar die Gestalt der Biegelinie, bezogen auf die x-Achse (Abb. 5), sondern die Verschiebungen y, welche die einzelnen Stellen der Feder gegenüber der Anfangsgestalt (Gestalt in unbelastetem Zustand) erfahren (s. Abb. 12). Die Gleichungen der Tab. 1 gelten auch, wenn die Last P die anfänglich gekrümmte Feder über die Strecklage hinaus in eine Gestalt entgegengesetzter Krümmung biegt.

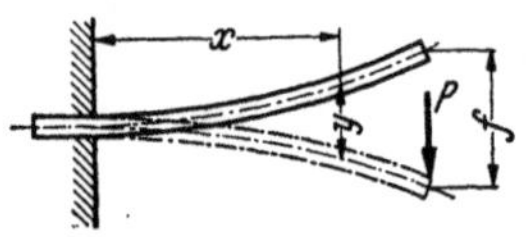

Abb. 12. Gekrümmte Anfangsgestalt der einfachen Blattfedern.

In Abb. 13 ist eine *zweiarmige* einfache Blattfeder dargestellt. Die beiden eingespannten und in entgegengesetzter Richtung durch eine Kraft P belasteten Federenden werden parallel geführt. Diese Federn erhalten im allgemeinen Rechteckquerschnitt, der über die ganze Länge $L = 2\,l$ hin dieselben Abmessungen aufweist. Ihre Berechnung läßt sich auf die Rechteckfeder nach Abb. 7 zurückführen. Da das Biegemoment in Federmitte (also bei $L/2 = l$) gleich Null ist, kann man sich bei $L/2$ ein Gelenk eingefügt denken und erhält dann zwei hintereinandergeschaltete Federn nach Abb. 7 von der Einzellänge $l = L/2$. Folglich ist

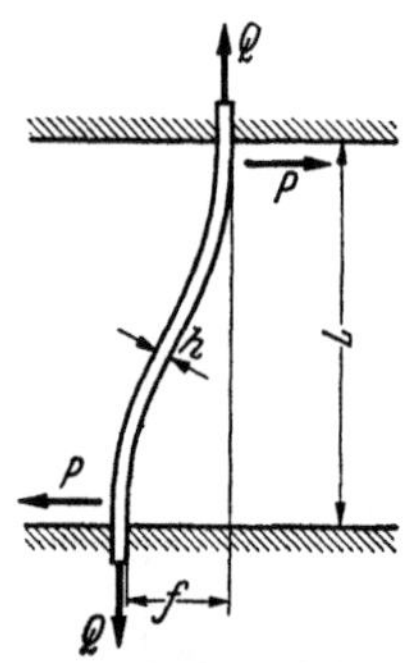

Abb. 13. Zweiarmige einfache Blattfeder, beiderseitig eingespannt.

(4) $$\sigma = \frac{6\,l\,P}{B\,h^2}.$$

(5) $$f = \frac{8\,l^3\,P}{B\,h^3\,E} = \frac{4}{3}\,\frac{l^2}{h}\,\frac{\sigma}{E}.$$

(6) $$A = \frac{P\,f}{2} = \frac{1}{18}\,\frac{B\,h\,L}{E}\,\sigma^2 = \frac{1}{18}\,\frac{V}{E}\,\sigma^2.$$

Wird aber die Feder nicht nur durch die Kraft P, sondern außerdem nach Abb. 13 durch die Last Q auf *Zug* beansprucht, so verlieren diese Formeln ihre Gültigkeit, und es wird

(7) $$\sigma = \frac{Q}{B\,h} \pm \frac{6\,P}{\omega\,B\,h^2}\,Tg\,\omega\,l.$$

(8) $$f = 2\,\frac{P}{Q}\left(l - \frac{Tg\,\omega\,l}{\omega}\right).$$

Beansprucht dagegen Q die Feder auf *Druck*, wirkt also die Feder gewissermaßen als Pendelstütze, so ist zu setzen

(7a) $$\sigma = -\frac{Q}{B\,h} \pm \frac{6\,P}{\omega\,B\,h^2}\,\mathrm{tg}\,\omega\,l.$$

(8a) $$f = 2\,\frac{P}{Q}\left(\frac{\mathrm{tg}\,\omega\,l}{\omega} - l\right).$$

In diesen Gleichungen ist

(9) $$\omega = \sqrt{\frac{12\,Q}{B\,h^3\,E}}.$$

Das +-Zeichen bedeutet in üblicher Weise Zugspannungen, das —-Zeichen Druckspannungen.

Eine andere zweiarmige einfache Blattfeder zeigt Abb. 14. Hier sind die Federenden drehbar gelagert. Die in der Mitte angreifende Last Q ruft in Federmitte die Durchbiegung f hervor und an den Federenden die Auflagerkräfte $P = Q/2$. Wenn das Federblatt, wie meist üblich, mit über die ganze Länge L gleichem Rechteckquerschnitt ausgeführt wird, handelt es sich offenbar um zwei *parallel geschaltete* Federn nach Abb. 7 von der Einzellänge $l = L/2$, die am freien Ende mit $P = Q/2$ belastet sind. Während bei der Feder nach Abb. 13 die Durchbiegung f bei gleicher Tragkraft P doppelt so groß ist wie bei der einarmigen Teilfeder nach Abb. 7, weist die Feder nach Abb. 14 die doppelte Tragkraft bei gleicher Durchbiegung auf. Das Arbeitsvermögen ist in beiden Fällen doppelt so groß wie dasjenige der Teilfeder.

Bei der Feder nach Abb. 14 ist

$$(10) \qquad \sigma = 3\,\frac{l\,Q}{B\,h^2}\,.$$

$$(11) \qquad f = 2\,\frac{l^3 Q}{B\,h^3 E} = \frac{2}{3}\,\frac{l^2}{h}\,\frac{\sigma}{E}\,.$$

$$(12) \qquad A = \frac{P f}{2} = \frac{1}{9}\,\frac{B\,h\,l}{E}\,\sigma^2 = \frac{1}{18}\,\frac{V}{E}\,\sigma^2\,.$$

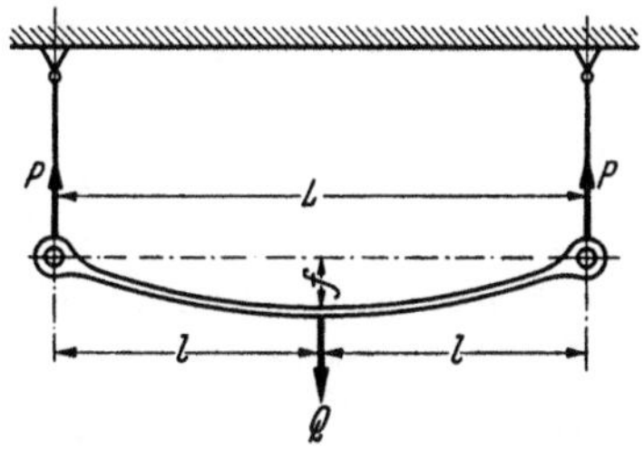

Abb. 14. Zweiarmige einfache Blattfeder, Federenden drehbar gelagert.

Alle hier gegebenen Berechnungsformeln gelten streng nur für kleine Durchbiegungen, da sie die mit der Federkrümmung veränderliche Länge des Federarmes unberücksichtigt lassen. Immerhin reicht ihre Genauigkeit für die meisten Zwecke vollkommen aus. Bei sehr hohen Ansprüchen muß allerdings ein genaueres Berechnungsverfahren angewendet werden[1].

Der Verwendungsbereich einfacher Blattfedern ist ziemlich beschränkt. Man findet sie überwiegend in feinmechanischen Geräten, bei gewissen Ventilen und Prüfmaschinen. Federanordnungen nach Abb. 13 sind bei Schwingsieben, Schüttelrinnen und Auswuchtmaschinen im Gebrauch. Federn nach Abb. 14 dienen z. B. bei Schienenfahrzeugen zum Tragen der Mittelpufferkupplungen. Ein besonderes Kennzeichen der einfachen Blattfedern ist ihr reibungsfreies Arbeiten, welches bewirkt, daß die der Feder beim Spannen zugeführte Arbeit beim Entspannen verlustlos zurückgegeben wird.

Bei der Einspannung der einfachen Blattfedern ist darauf zu achten, daß die Kanten der Spannbacken sauber gebrochen werden, damit sie das Federblatt nicht verletzen. Wenn es sich nicht vermeiden läßt, daß die Schraubenbolzen, welche die Spannbacken zusammenpressen, durch den eingespannten Teil des Blattes hindurchgeführt werden, dürfen die Bohrungen im Blatt nicht zu nahe an der Kante der Spannbacken liegen, da die Biegespannungen selbst bei festester Einspannung an dieser Kante nicht unvermittelt aufhören, sondern ein Stück in den eingespannten Teil hineinreichen. Es empfiehlt sich, für den Abstand des Lochrandes von der Kante mindestens das Dreifache der Blattdicke h vorzusehen. Besonders bei geschliffenen und polierten Federn ist es ratsam, die durch den Druck stählerner Spannbacken hervorgerufenen zusätzlichen Beanspruchungen und schädlichen Reibungen durch Beilegen von dünnen Messingblechen, Preßspan, Papier oder dgl. zu mildern.

1. Zahlenbeispiel. Eine stählerne Rechteckfeder nach Abb. 7 mit $l = 50$ cm, $B = 6$ cm und $h = 0{,}5$ cm ist am freien Ende mit $P = 20$ kg belastet. Wie groß ist die Biegespannung σ und die Durchbiegung f?

---

[1] Siehe Grosz und Lehr: Die Federn. VDI-Verlag GmbH., Berlin 1938. In diesem Buche sind auch die Eigenschwingungen einfacher Blattfedern behandelt.

Die größte *Biegespannung* (an der Einspannstelle) ist nach Spalte 3 der Tab. 1

$$\sigma = \frac{6\,l\,P}{B\,h^2} = \frac{6 \cdot 50 \cdot 20}{6 \cdot 0{,}5^2} = 4000\ \text{kg/cm}^2.$$

Für f ergibt sich nach Spalte 5 mit $E = 2\,150\,000\ \text{kg/cm}^2$

$$f = 4\,\frac{l^3\,P}{B\,h^3\,E} = \frac{4 \cdot 50^3 \cdot 20}{6 \cdot 0{,}5^3 \cdot 2{,}15 \cdot 10^6} = 6{,}2\ \text{cm}.$$

Mithin ist die *Einheitsfederung*

$$C = \frac{f}{P} = \frac{6{,}2}{20} = 0{,}31\ \text{cm/kg und die } \textit{Einheitskraft}\ c = \frac{P}{f} = \frac{1}{C} = \frac{1}{0{,}31} = 3{,}23\ \text{kg/cm}.$$

Für die *Federarbeit* ergibt sich nach Spalte 6

$$A = \frac{P\,f}{2} = \frac{20 \cdot 6{,}2}{2} = 62\ \text{cmkg}$$

oder

$$A = \frac{1}{18}\,\frac{B\,h\,l}{E}\,\sigma^2 = \frac{6 \cdot 0{,}5 \cdot 50}{18 \cdot 2{,}15 \cdot 10^6} \cdot 4000^2 = 62\ \text{cmkg}.$$

Das Federvolumen ist nach Spalte 7 $V = B\,h\,l = 6 \cdot 0{,}5 \cdot 50 = 150\ \text{cm}^3$.

2. Zahlenbeispiel. Die im ersten Beispiel untersuchte Rechteckfeder gleicher Blattstärke soll zwecks Verringerung der Baulänge durch eine Rechteckfeder ersetzt werden, deren Blattstärke, ausgehend von $h = 0{,}5$ cm an der Einspannstelle, nach einer gemeinen Parabel verläuft (Abb. 9) und bei $P = 20$ kg und $\sigma = 4000\ \text{kg/cm}^2$ wieder eine Durchbiegung $f = 6{,}2$ cm aufweist. Nach Spalte 5 der Tab. 1 ist

$$f = \frac{4}{3}\,\frac{l^2\,\sigma}{h\,E} \quad \text{oder} \quad l^2 = \frac{3}{4}\,\frac{h\,E\,f}{\sigma} = \frac{3 \cdot 0{,}5 \cdot 2{,}15 \cdot 10^6 \cdot 6{,}2}{4 \cdot 4000} = 1250\ \text{cm}^2,$$

also $l \approx 35{,}4$ cm. Nach Spalte 3 und 4 ergibt sich

$$\sigma = \frac{6\,l\,P}{B\,h^2} \quad \text{oder} \quad B = \frac{6\,l\,P}{\sigma\,h^2} = \frac{6 \cdot 35{,}4 \cdot 20}{4000 \cdot 0{,}5^2} = 4{,}25\ \text{cm},$$

und nach Spalte 7 $V = {}^2/_3\,Bhl = {}^2/_3 \cdot 4{,}25 \cdot 0{,}5 \cdot 35{,}4 = 50{,}1\ \text{cm}^3$. Bei gleicher Blattdicke an der Einspannstelle und gleicher Biegespannung und Durchbiegung ist diese Feder also um 31,2 % kürzer, um 29 % schmäler und wiegt nur etwa den dritten Teil der Rechteckfelder gleicher Blattstärke.

3. Zahlenbeispiel. Dieses Beispiel soll zeigen, daß sich auch mit einer Trapezfeder nennenswerte Ersparnisse an Raum, vor allem aber an Gewicht erzielen lassen. Es soll für dieselben Verhältnisse wie im ersten und zweiten Beispiel eine Trapezfeder ermittelt werden, und zwar sei wieder $h = 0{,}5$ cm gegeben. Unter Annahme eines $B'/B = 0{,}3$ ist nach Abb. 11 $K = 1{,}25$ und nach Spalte 5

$$f = \frac{2}{3}\,K\,\frac{l^2\,\sigma}{h\,E} \quad \text{oder} \quad l^2 = \frac{3}{2}\,\frac{h\,E\,f}{K\,\sigma} = \frac{3 \cdot 0{,}5 \cdot 2{,}15 \cdot 10^6 \cdot 6{,}2}{2 \cdot 1{,}25 \cdot 4000} = 2000\ \text{cm}^2,$$

also $l = 44{,}75$ cm. Nach Spalte 3 ergibt sich

$$\sigma = \frac{6\,l\,P}{B\,h^2} \quad \text{oder} \quad B = \frac{6\,l\,P}{\sigma\,h^2} = \frac{6 \cdot 44\,75 \cdot 20}{4000 \cdot 0{,}5^2} = 5{,}37\ \text{cm}$$

und $B' = 0{,}3\,B = 0{,}3 \cdot 5{,}37 = 1{,}6$ cm. Diese Trapezfeder ist um 5,25 cm kürzer, um 0,63 cm schmäler und um etwa 48 % leichter als die Trapezfeder des ersten Beispiels. Ihre Kennzahl ist nach Spalte 7 $k = \frac{1}{9}\,\frac{K}{1 + B'/B} = \frac{1}{9}\,\frac{1{,}25}{1 + 0{,}3} = 0{,}107$ gegenüber $\frac{1}{18} = 0{,}0555$ bei der Rechteckfeder nach Abb. 7 und 0,1666 bei der Dreieckfeder nach Abb. 8.

4. Zahlenbeispiel. Der durch ein Exzenter angetriebene Schwingtisch einer Prüfmaschine hat einen Ausschlag $f = \pm\,0{,}5$ cm. Welche Stärke h müssen die beiden stählernen Lenkerfedern von der Länge $L = 30$ cm erhalten (s. Abb. 13), wenn die Höchstspannung σ nicht mehr als $\pm\,3000\ \text{kg/cm}^2$ betragen soll? Das Eigengewicht des Tisches im Betrage von $G = 100$ kg wird *nicht* durch die beiden Lenkerfedern aufgenommen. Nach Gl. (5) ist mit $l = L/2 = 15$ cm

$$h = \frac{4}{3}\,\frac{l^2\,\sigma}{f\,E} = \frac{4 \cdot 15^2 \cdot 3000}{3 \cdot 0{,}5 \cdot 2{,}15 \cdot 10^6} = 0{,}84\ \text{cm}.$$

Es sei weiterhin verlangt, daß die Eigenschwingungszahl des Tisches $n = 940$ min betragen soll. Die Eigenschwingungszahl ist gegeben durch die Formel

$$n = \frac{60}{2\pi}\sqrt{\frac{c}{m}} = 9{,}55\sqrt{\frac{c}{m}}\,,$$

in der c die Einheitskraft P/f und $m = G/g = \frac{G}{981}$ die Masse des Tisches bedeutet. Da hier *zwei* Lenkerfedern vorhanden sind, muß die Formel für n lauten

$$n = 9{,}55\sqrt{\frac{2c}{m}}\,.$$

Hiernach ist mit $m = 100/981 = 0{,}102$ die Einheitskraft *einer* Feder

$$c = \frac{n^2}{9{,}55^2}\,\frac{m}{2} = \frac{940^2\cdot 0{,}102}{91{,}1\cdot 2} = 495\ \text{kg/cm}.$$

Die Einheitskraft ist anderseits nach Gl. (5)

$$c = \frac{P}{f} = \frac{B h^3 E}{8 l^3}\,,$$

woraus sich mit $c = 495$ kg/cm, $l = 15$ cm und $h = 0{,}84$ cm

$$B = \frac{8 c l^3}{h^3 E} = \frac{8\cdot 495\cdot 15^3}{0{,}84^3\cdot 2{,}15\cdot 10^6} = 10{,}5\ \text{cm}$$

als Breite der einzelnen Feder errechnet.

Wesentlich schwieriger wird die Aufgabe, wenn die Lenkerfedern den Schwingtisch nicht nur steuern, sondern auch tragen müssen, wenn also z. B. die einzelne Feder durch $Q = G/2 = 50$ kg zusätzlich auf Zug beansprucht wird (Abb. 13). Man geht so vor, daß man aus Gl. (7) P ausdrückt und in Gl. (8) einsetzt. Dann ergibt sich, nach σ aufgelöst,

$$\sigma = \frac{Q}{B h} + \frac{3 f Q\, Tg\, \omega\, l}{B h^2 \omega\left(l - \frac{Tg\,\omega\, l}{\omega}\right)}\,.$$

Hierin kann, wenigstens im vorliegenden Falle, $\frac{Q}{B h}$ als völlig belanglos vernachlässigt werden. Setzt man aber die oben erhaltenen Werte $h = 0{,}84$ cm und $B = 10{,}5$ cm in das übrig bleibende Glied ein, nachdem man vorher ω nach Gl. (9) ermittelt hat, so ergibt sich $\sigma = 3160$ kg/cm², also eine größere Spannung als die zugelassene. Die Rechnung muß sehr genau durchgeführt werden (mindestens mit dem 50 cm-Rechenschieber, besser noch mit siebenstelligen Logarithmen), da im vorliegenden Falle l und $\frac{Tg\,\omega\, l}{\omega}$ fast gleich groß sind, und eine kleine Ungenauigkeit daher bereits einen empfindlichen Fehler verursacht. Die Einheitskraft beträgt nach Gl. (8) 520 kg/cm, so daß die Eigenschwingungszahl auf 964/min statt der verlangten 940/min steigt. Die Aufgabe, σ herabzudrücken, läßt sich nur durch probeweises Annehmen von h und B lösen, wobei die Rücksicht auf eine gewünschte Eigenschwingungszahl des Tisches noch erschwerend wirkt.

3. Die Entstehung der geschichteten Blattfeder. Der Entwurf einer Blattfeder muß fast durchweg auf einige gegebene Größen Rücksicht nehmen, nämlich auf l, B, die Tragkraft P_{max} und die höchstzulässige Werkstoffbeanspruchung σ_{max}. Damit ergibt sich aus den entwickelten Berechnungsformeln der einfachen Blattfedern zwangläufig die Blattdicke h. Zugleich liegen auch die Einheitsfederung C und die Einheitskraft c innerhalb der durch die Rechteckfeder einerseits und die Dreieckfeder anderseits gezogenen Grenzen fest, sofern nur Federn gleicher Blattstärke in Betracht gezogen werden. Nun verlangt aber gerade der Fahrzeugbau Federn, die bei einer im Verhältnis zur Federlänge sehr geringen Breite und bei großer Tragkraft eine weit größere Einheitsfederung aufweisen, als sie sich mit der günstigsten Form der einfachen Blattfeder gleicher Blattstärke, der Dreieckfeder, erzielen läßt. Umgekehrt führt der Versuch, eine einfache Dreieck- oder Trapezfeder zu ermitteln, welche die gewünschte Einheitsfederung besitzt, auf ein dünnes, aber so breites Federblatt, daß die zugestandene Breite um ein Vielfaches überschritten würde. Aus diesen Schwierigkeiten heraus ist die geschichtete Blattfeder entstanden.

In Abb. 15a und b ist eine zweiarmige Dreieckfeder dargestellt. Sie besteht aus zwei einander mit den Grundlinien berührenden Dreieckfedern von der Einzellänge l, ist jedoch aus einem Stück hergestellt. Wird eine solche zweiarmige Feder von der Gesamtlänge $L = 2\,l$ in ihrer Mitte mit $Q = 2\,P$ belastet, so erfährt sie dieselbe Durchbiegung und Beanspruchung wie die einarmige Feder von der Länge l, deren freies Ende mit $P = Q/2$ belastet wird. Die für die einarmigen Federn entwickelten Formeln gelten daher ohne weiteres auch für die zweiarmigen. Die Berechnung möge nun auf die in Abb. 15b eingezeichnete größte Blattbreite B geführt haben, während der für die Feder zur Verfügung stehende Raum nur den vierten Teil dieser Breite, nämlich $b = B/n = B/4$ habe. Zerschneidet man das Blatt nach Abb. 15b in einen Mittelstreifen von der Breite b und in $2\,(n-1) = 2\,(4-1) = 6$ seitliche Streifen von der Breite $b/2$ und legt die Seitenstreifen gleicher Länge der Länge nach geordnet paarweise unter den Mittelstreifen, so entsteht die *geschichtete* Dreieckfeder nach Abb. 15c und d, von der sich annehmen läßt, daß sie sich zum mindesten ganz ähnlich verhält wie die einfache Feder nach Abb. 15a und b. Denn die Biegelinie der Dreieckfeder ist, wie bereits erwähnt, ein Kreisbogen, d. h. der Krümmungshalbmesser ist in allen Teilen der Feder derselbe. Zerschneidet man jetzt die Feder in der angegebenen Weise und schichtet sie, so werden sich die einzelnen Streifen spaltlos ineinanderschmiegen und, wenn man von dem kleinen Fehler absieht, der durch die endliche Blattdicke bedingt ist, sich alle nach demselben Kreisbogen krümmen. Messungen der Durchbiegungen und der Spannungen an sehr genau ausgeführten geschichteten Dreieckfedern haben ergeben, daß die Berechnungsformeln der einfachen Blattfedern mit völlig hinreichender Genauigkeit auch für die geschichteten Dreieckfedern gelten [1]. Selbstverständlich handelt es sich bei dem erwähnten Zerschneiden eines Federblattes von der Mittelbreite B nur um einen Denkvorgang. In Wirklichkeit stellt man alle geschichteten Blattfedern aus Streifen her, die von vornherein die Breite b besitzen und nur auf richtige Länge geschnitten und gespitzt zu werden brauchen.

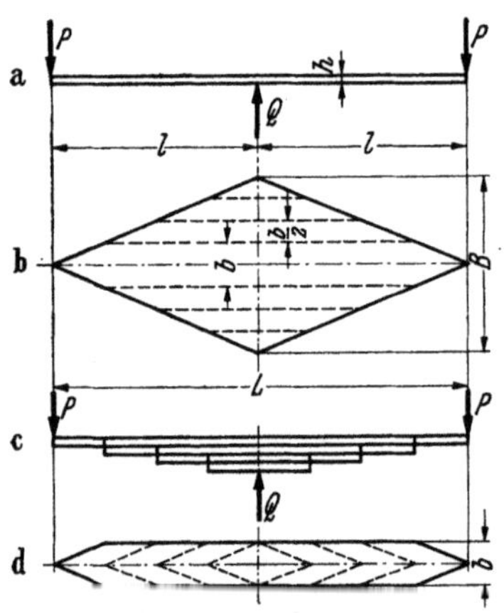

Abb. 15. Die Entstehung der geschichteten Blattfeder.

Die geschichtete Trapezfeder. Der geschichteten Dreieckfeder haften dieselben Mängel an, wie der einfachen. Die spitzen Blattenden würden sich schnell in das darüberliegende Blatt eingraben. Diese Schwierigkeit ließe sich zwar dadurch umgehen, daß man die dreieckigen Spitzen durch Rechtecke ersetzte, und die Blattstärke im Bereich dieser Rechtecke gegen die Blattenden hin nach einer kubischen Parabel abnehmen ließe. Denn nach Spalte 4 der Tab. 1 hat die Rechteckfeder, deren Blattstärke nach einer kubischen Parabel verläuft, genau dieselbe kreisbogenförmige Biegelinie wie die Dreieckfeder gleicher Blattstärke. Immerhin ist es unbequemer und im allgemeinen auch kostspieliger, die Blattenden durch Fräsen, Walzen oder Schlagen parabolisch zuzuschärfen, als sie auf einer Warmschere zu spitzen. Im übrigen wären durch diese Maßnahmen noch nicht die Schwierigkeiten

[1] Siehe Grosz und Lehr: Die Federn.

beseitigt, welche die Übertragung der Last P auf die Enden des längsten Blattes, des *Hauptblattes*, bereitet. Die Erfahrung hat gezeigt, daß zum mindesten das Hauptblatt ungeschwächt bis zu seinen Enden, an dem ein Nocken, Federauge oder ähnliches vorgesehen zu werden pflegt, durchgeführt werden muß. Das bedeutet, daß man nicht von einem Dreieckgrundriß, sondern von einem Trapez auszugehen hat, dessen kleinere Grundlinie die Länge b hat. Das genügt aber bei Federn, die starke Stöße aufzunehmen haben, noch nicht. In solchen Fällen ist es erforderlich, der kleineren Grundlinie des Trapezgrundrisses die Länge $2b$, $3b$ und bei besonders schweren Federn, sogar $4b$ zu geben, d. h. das zweite, dritte und gegebenenfalls sogar vierte Blatt ebenso lang zu machen wie das Hauptblatt, damit sie dessen Enden unterstützen. Selbstverständlich ist die Biegelinie einer solchen Feder kein Kreisbogen mehr, und man brauchtdaher auch nicht mehr auf eine möglichst kreisbogenförmige Biegelinie der Enden der kürzeren Blätter übertriebenen Wert zu legen. Aus diesen Gründen hat sich die leicht herstellbare trapezförmige Blattspitze eingebürgert, die mit der theoretisch richtigen Spitzenform genügend übereinstimmt und eine ausreichende Fläche für die Kraftübertragung am Blattende gewährleistet. Bei Federn, die aus verhältnismäßig vielen und dünnen Blättern bestehen, kann sogar zumindest bei ihren längeren Blättern auf die Trapezspitze, die wegen des geringen Längenunterschiedes aufeinanderfolgender Blätter ohnehin sehr kurz werden würde, ohne Schaden verzichtet werden.

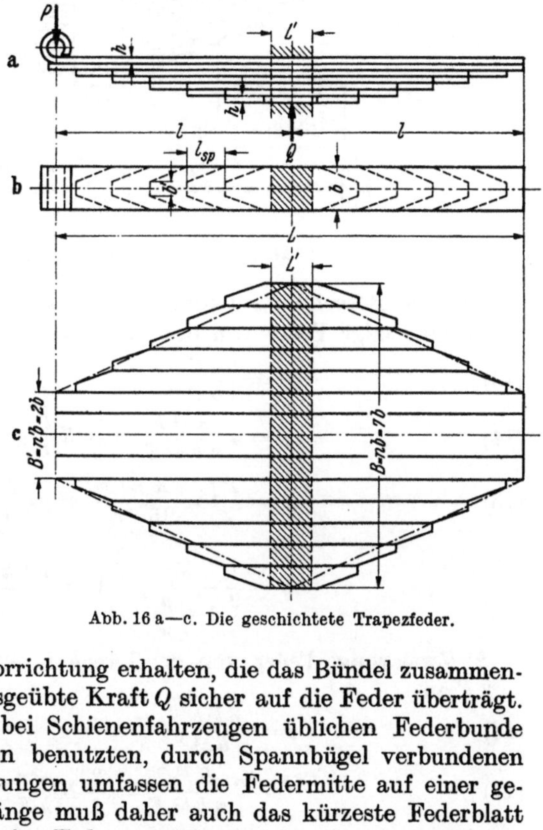

Abb. 16 a—c. Die geschichtete Trapezfeder.

Das Blattbündel zweiarmiger Federn muß in seiner Mitte eine Vorrichtung erhalten, die das Bündel zusammenfaßt und die auf die Federmitte ausgeübte Kraft Q sicher auf die Feder überträgt. Solche Vorrichtungen stellen die bei Schienenfahrzeugen üblichen Federbunde dar oder die bei Straßenfahrzeugen benutzten, durch Spannbügel verbundenen Spannplatten. Alle diese Vorrichtungen umfassen die Federmitte auf einer gewissen Länge L', und auf dieser Länge muß daher auch das kürzeste Federblatt die volle Breite b aufweisen. Wie eine Feder aussieht, bei der die erwähnten Gesichtspunkte berücksichtigt sind, zeigt Abb. 16a bis c. Es handelt sich um eine Feder mit $n = 7$ Lagen von der Breite b und der Stärke h. Das zweite Blatt ist bis unter die Federaugen durchgeführt. Die Enden der kürzeren Blätter (Blatt 3 bis 7) sind trapezförmig zugespitzt. Die Spitzenlänge ist l_{sp}, die Spitzenbreite b'. Halbierte man die Blätter, mit Ausnahme des Hauptblattes, der Länge nach und legte die Hälften zu beiden Seiten des Hauptblattes, so würde sich ein Federblatt mit dem Grundriß nach Abb. 16c ergeben. Für die Berechnung können die Treppenlinien ohne Nachteil durch die strichpunktierten Geraden ersetzt gedacht werden, so daß sich als vereinfachter Grundriß ein Doppeltrapez mit der großen Grundlinie $B = nb = 7b$ und der kleinen Grundlinie $B' = n'b = 2b$ ergibt. Versuche haben gezeigt, daß der versteifende Einfluß der Mitteleinspannung zweiarmiger Federn vernachlässigt werden kann, jedenfalls wenn die Länge L' der Mitteleinspannung etwa $^1/_{10} L$ nicht übersteigt. Die Rechnung kann also auf der Annahme fußen, daß die Gesamtlänge $L = 2\,l$ der Feder wirksam ist. Bei einarmigen geschichteten Federn pflegt man die wirksame Federarmlänge l nur bis zum Rande der Einspannung zu rechnen. Als Beispiel einer zweiarmigen Feder ist in Abb. 17 die Feder eines Schienenfahrzeugs dargestellt.

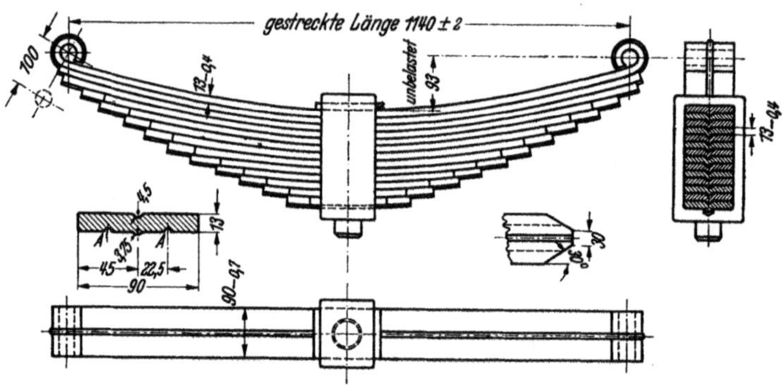

Abb. 17. Güterwagenfeder der Deutschen Reichsbahn.

Für die Berechnung gelten folgende Formeln:

1. **Einarmige Feder** von der Länge l; am freien Ende greift die Last P an.

(13) $$\sigma = \frac{6\,l\,P}{n\,b\,h^2},$$

(14) $$f = 4\,\frac{K\,l^3\,P}{n\,b\,h^3\,E} = \frac{2}{3}\,K\,\frac{l^2\,\sigma}{h\,E},$$

(15) $$A = \frac{P\,f}{2} = \frac{K}{18}\,\frac{n\,b\,h\,l}{E}\,\sigma^2 \approx \frac{K}{1}\,\frac{1}{1+\frac{n'}{n}}\,\frac{V}{E}\,\sigma^2,$$

$$k = \frac{1}{9}\,\frac{K}{1+\frac{n'}{n}}; \qquad V \approx \frac{n\,b\,h\,l}{2}\left(1+\frac{n'}{n}\right).$$

2. **Zweiarmige Feder** von der Länge $L = 2\,l$; in der Mitte greift die Last $Q = 2\,P$ an.

(16) $$\sigma = \frac{3\,l\,Q}{n\,b\,h^2},$$

(17) $$f = 2\,\frac{K\,l^3\,Q}{n\,b\,h^3\,E} = \frac{2}{3}\,K\,\frac{l^2\sigma}{h\,E},$$

(18) $$A = \frac{Q\,f}{2} = \frac{K}{9}\,\frac{n\,b\,h\,l}{E}\,\sigma^2 \approx \frac{K}{9}\,\frac{1}{1+\frac{n'}{n}}\,\frac{V}{E}\,\sigma^2,$$

$$k = \frac{1}{9}\,\frac{K}{1+\frac{n'}{n}}\,; \quad V \approx n\,b\,h\,l\left(1+\frac{n'}{n}\right).$$

n bedeutet die Gesamtzahl der Federblätter, n' die Zahl der Blätter an den Federenden. Der von n'/n abhängige Beiwert K ist wieder Abb. 11 zu entnehmen. Die *Einheitsfederung* ergibt sich aus Gl. (14) zu

(19) $$C = \frac{f}{P} = \frac{4\,K\,l^3}{n\,b\,h^3\,E},$$

und aus Gl. (17) zu

$$C = \frac{f}{Q} = \frac{2 \cdot K\, l^3}{n\, b\, h^3\, E}\,.$$

Die *Einheitskraft* $c = 1/C$ ist der Kehrwert dieser Ausdrücke für C.

Die Gl. (13) bis (20) gelten für genau rechteckigen Querschnitt der Blätter von der Breite b und der Stärke h. In ihnen ist also das axiale Flächenträgheitsmoment $J = \frac{b\,h^3}{12}$ und das Widerstandsmoment $W = \frac{b\,h^2}{6}$ des Rechteckquerschnittes enthalten. Setzt man daher $bh^2 = 6\,W$ und $bh^3 = 12\,J$ in die Formeln ein, so erscheint in ihnen W und J, und sie gelten dann ganz allgemein für jede beliebige Gestalt des Blattquerschnittes. Tatsächlich finden gerade bei geschichteten Blattfedern zum sehr großen Teil Querschnittsformen Anwendung, die vom genauen Rechteck mehr oder minder abweichen.

Eine Abart der zweiarmigen Federn sind die *Doppelfedern* (Abb. 18). Eine Doppelfeder besteht aus zwei hintereinandergeschalteten gleicharmigen Blattfedern. Sie hat also die gleiche Tragkraft P wie die einzelne Feder, aber die doppelte Federung f.

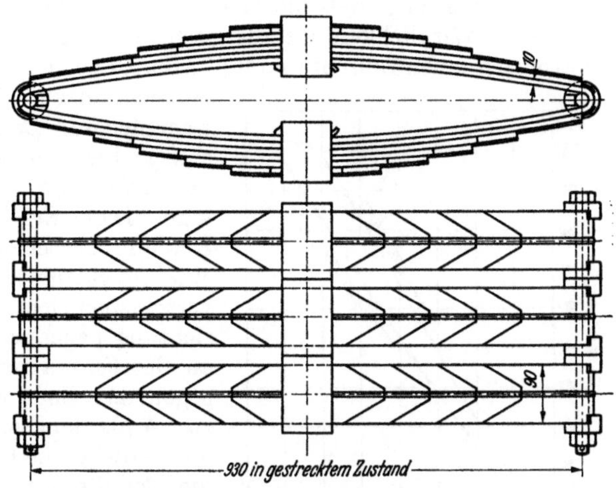

Abb. 18. Dreifacher Doppelfedersatz.

Doppelfedern werden häufig zu Federsätzen vereinigt. Abb. 18 zeigt einen dreifachen Doppelfedersatz, der also die dreifache Tragkraft der einzelnen Doppelfeder besitzt. Bezeichnet Q die Belastung eines aus z Doppelfedern bestehenden Satzes, so ist

$$\sigma = \frac{3\,l\,Q}{z\,n\,b\,h^2}\,, \tag{21}$$

$$f = 4\,\frac{K\,l^3\,Q}{z\,n\,b\,h^3\,E} = \frac{4}{3}\,\frac{K\,l^2}{h\,E}\,\sigma\,, \tag{22}$$

$$C = \frac{f}{Q} = \frac{4\,K\,l^3}{z\,n\,b\,h^3\,E}\,, \tag{23}$$

$$A = \frac{2}{9}\,K\,\frac{z\,n\,b\,h\,l}{E}\,\sigma^2 \approx \frac{K}{9}\,\frac{1}{1+\frac{n'}{n}}\,\frac{V}{E}\,\sigma^2\,. \tag{24}$$

Die Kennlinie aller Blattfedern ist formelmäßig genau, in Wirklichkeit ziemlich genau eine Gerade. Unter der Kennlinie ist bisher die Abhängigkeit der Federung f von der Belastung P oder Q verstanden worden, wie sie z. B. durch Gl. (14), (17) oder (22) dargestellt wird. Häufig ist es aber zweckmäßiger, statt der Durchbiegung f die *Pfeilhöhe* p in Abhängigkeit von P oder Q aufzutragen, da sie ein wichtiges Baumaß der Feder darstellt. Die Pfeilhöhe ist die Bogenhöhe einer gekrümmten zweiarmigen Feder, wobei sich allerdings die hier gemeinte mit dem entsprechenden geometrischen Begriff, nämlich dem größten Abstand zwischen einem Kreisbogen und seiner Sehne, meistens nicht streng deckt. Bei der in Abb. 17 dargestellten Feder z. B. ist die Pfeilhöhe p_0 der in unbelastetem Zustand der Feder 93 mm betragende Abstand zwischen Oberkante Hauptblatt (in Federmitte) und der Verbindungslinie der Federaugenmitten. Wird eine derartige Feder belastet, so verringert sich ihre Pfeilhöhe um die Durchbiegung. Biegt sich eine Feder mit der Pfeilhöhe p_0 in unbelastetem Zustand um f_1 durch, so ist die Pfeilhöhe $p_1 = p_0 - f_1$. Hieraus folgt anderseits, daß die *Pfeilhöhenänderung* $p_0 - p_1$ gleich der Durchbiegung f_1 ist. Folglich geht dann z. B. Gl. (17) über in

$$p = p_0 - f = p_0 - \frac{2\,K\,l^3\,Q}{n\,b\,h^3\,E}.$$

Diese neue Linie ist selbstverständlich wieder eine Gerade.

Die Bemerkung, daß die eigentliche Kennlinie (f-Linie) und daher auch die p-Linie in Wirklichkeit Geraden sehr nahe kommen, bedarf bei geschichteten Blattfedern einer Einschränkung. Abb. 19 zeigt das auf einer Federprüfmaschine aufgenommene Schaubild einer Eisenbahnwagenfeder. Danach ergibt sich nicht eine einzige Linie, sondern eine Schleife, die durch die *Belastungs-* und *Entlastungslinie* gebildet wird. Diese Erscheinung erklärt sich durch die Reibung zwischen den Federblättern. Wenn eine geschichtete Blattfeder sich durchbiegt, verschieben sich die einzelnen Blätter in Längsrichtung gegeneinander. Die Verschiebung ist an der Einspannstelle gleich Null und nimmt gegen das Ende eines jeden Federblattes hin zu. Außerdem ist sie um so größer, je länger und je dicker die Federblätter sind, und je größer die Pfeilhöhe ist. Da die Last P oder Q Druckkräfte zwischen den einzelnen Federblättern hervorruft, werden Reibungskräfte geweckt, welche die Verschiebung zu hindern suchen.

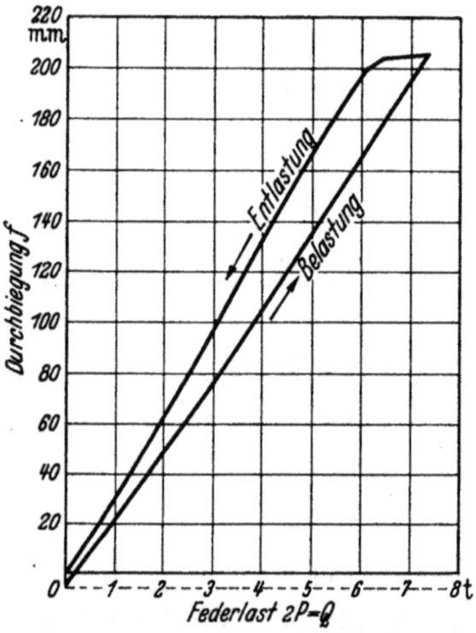

Abb. 19. Kennlinie einer langen Eisenbahn-Personenwagenfeder in verrostetem Zustand.

Wenn die Feder, an der das Schaubild Abb. 19 ermittelt ist, mit $Q = 4000$ kg belastet wird, so biegt sie sich nach dem Schaubild um $f_b \approx 105$ mm durch. Diese Last Q muß dabei nicht nur den elastischen Widerstand der Feder, sondern auch die durch die gegenseitige Verschiebung der Blätter geweckte Reibungskraft R_1 überwinden. Infolgedessen bewirkt Q eine kleinere Durchbiegung, als wenn die Feder reibungsfrei wäre, nämlich nur eine Durchbiegung f_b, die man bei einer reibungsfreien Feder schon durch die Belastung $Q' = Q - R_1$ erzielen könnte. Die Belastungslinie im Schaubild muß also *unterhalb* der Kennlinie der reibungsfrei gedachten Feder verlaufen. Wird nun die Feder entlastet, so kehrt die Reibung ihr Vorzeichen um und sucht die Feder daran zu hindern, ihre ursprüngliche Gestalt anzunehmen. Die Feder ändert ihre Form noch nicht, wenn sie um den Betrag R_1 entlastet wird. Vielmehr leitet erst eine weitere Entlastung um R_2 die Entspannung der Feder ein, die dann nach einer Linie verläuft, die *über* der Kennlinie der reibungsfrei gedachten Feder liegen muß. Die Summe $R_1 + R_2$ der Reibungskräfte läßt sich hiernach für jede Durchbiegung oder Pfeilhöhe aus dem Federschaubild entnehmen. Man braucht lediglich bei der betreffenden Durchbiegung oder Pfeilhöhe eine Parallele zur P-Achse zu ziehen und das zwischen Belastungs- und Entlastungslinie liegende Stück zu messen und mit dem Kräftemaßstab zu multiplizieren. Auf diese Weise läßt sich aus Abb. 19 beispielsweise für $f_b = 105$ mm $R_1 + R_2 = 800$ kg bestimmen.

Die Kenntnis von $R_1 + R_2 = R$ gibt zunächst noch keinen Aufschluß über die Kennlinie der reibungsfrei gedachten Feder, da die Einzelbeträge R_1 und R_2, deren Größe selbstverständlich auch von der Oberflächenbeschaffenheit der Blätter und dem Schmierzustand der Feder stark abhängt, nicht bekannt sind. Nun haben eingehende Versuche[1] den Nachweis erbracht, daß bei jeder richtig hergestellten Feder $R_1 = R_2$ ist und zwar unabhängig von der Größe der Summe $R = R_1 + R_2$. Mithin verläuft die Kennlinie der reibungsfrei gedachten Feder ziemlich genau in der Mitte zwischen Belastungs- und Entlastungslinie und läßt sich daher leicht konstruieren. Diese Erkenntnis macht es überhaupt erst möglich, gemessene Durchbiegungen oder Pfeilhöhen mit den errechneten Werten zu vergleichen. Auf ihr beruhen auch die Begriffe der *mittleren Durchbiegung* und der *mittleren Pfeilhöhe* als Mittelwerte der beim Belasten und Entlasten bei einer bestimmten Last gemessenen Durchbiegungen oder Pfeilhöhen. Diese Mittelwerte lassen sich sehr leicht bestimmen. Die in einem beliebigen Betriebszustand befindliche Feder wird auf einer Federprüfmaschine belastet, bis die Last Q, für welche die Pfeilhöhe bestimmt werden soll, erreicht ist, Es möge sich dabei die Pfeilhöhe p_b ergeben. Alsdann steigert man die Belastung, ohne vorher zu entlasten, etwa auf die der höchstzulässigen ruhenden Beanspruchung (etwa 10000 kg/cm^2) entsprechende Prüflast Q_p und entlastet wieder auf Q, wobei jetzt die Pfeilhöhe p_e gemessen werden möge. Dann ist die mittlere Pfeilhöhe für Q $p = \frac{1}{2}(p_b + p_e)$. Umgekehrt läßt sich auch für eine bestimmte Pfeilhöhe die *mittlere Tragkraft* bestimmen. Man biegt die Feder auf der Prüfmaschine bis zu der vorgeschiebenen Pfeilhöhe p durch und liest die Kraft Q_b ab. Dann steigert man die Belastung wie vorher auf Q_p und entlastet, bis wieder p erreicht ist. Jetzt möge die Ablesung Q_e ergeben. Dann ist die mittlere Tragkraft für die Pfeilhöhe p $Q = \frac{1}{2}(Q_b + Q_e)$. Bei der Bestellung geschichteter Blatt-Tragfedern für Fahrzeuge pflegt vorgeschrieben zu werden, daß die Feder bei einer bestimmten Belastung eine bestimmte Pfeilhöhe oder bei einer bestimmten Pfeilhöhe eine bestimmte Tragkraft aufweisen soll. Im ersten Falle wird unter der Pfeilhöhe immer die *mittlere* Pfeilhöhe und im zweiten unter Tragkraft immer die *mittlere* Tragkraft verstanden. Es ist dagegen nicht ratsam, Fahrzeugfedern für eine bestimmte Pfeilhöhe p_0 in unbelastetem Zustand zu bestellen. Hiergegen sprechen folgende Gründe. Die Federblätter eines Blattbündels werden aus Zweckmäßigkeitsgründen nicht genau nach konzentrischen Kreisen gekrümmt, sondern man läßt den Krümmungshalbmesser mit wachsender Blattlänge etwas zunehmen. Infolgedessen klaffen die Blätter in Federmitte, wenn sie lose aufeinandergeschichtet werden. Dieses Klaffen verschwindet, wenn man das Blattbündel durch einen Federbund o. dgl. zusammenspannt, aber es entstehen Pressungen zwischen den Blättern, die jetzt unter Zwang konzentrische Kreise bilden. Die Feder ist also auch in unbelastetem Zustand, d. h. für $Q = 0$, nicht ganz reibungsfrei; dadurch wird die Genauigkeit der Messung von p_0 stark beeinträchtigt. Weiterhin wirken sich, wenn man von p_0 ausgeht, die Unvollkommenheiten der Durchbiegungsrechnung und die zulässigen Abmaße des Federblattquerschnittes in vollem Maße auf die Pfeilhöhe unter Last aus. Schließlich spricht das Verhalten der Federn selbst dagegen, die Pfeilhöhe p_0 als Ausgangspunkt zu wählen. Es ist eine bekannte Tatsache, daß jede aus gehärtetem Federstahl neu hergestellte Feder durch die ersten Belastungen mit der Prüflast Q_p eine gewisse bleibende Verformung erfährt, d. h. die Pfeilhöhe p_0 ist nach dem Entlasten etwas kleiner als die Pfeilhöhe p_0' im Fertigungszustand. In der Sprache der Werkstatt sagt man: Die Feder hat sich „gesetzt“. Der bleibende Pfeilhöhenverlust $p_0' - p$ verschwin-

[1] Siehe Grosz und Lehr: Die Federn.

det aber wieder wenigstens teilweise, wenn die Feder in unbelastetem Zustand längere Zeit liegt oder Erschütterungen erfährt. Wird die Feder jetzt erneut mit Q_p belastet, so zeigt sie nach dem Entlasten wieder die Pfeilhöhe p_0 (wie nach dem ersten Entlasten). Daraus folgt, daß es ohne Behandlung der Federn auf einer Prüfmaschine gar nicht möglich ist, einigermaßen richtige Schlüsse auf die Pfeilhöhe p_0 zu ziehen, oder daß es, anders ausgedrückt, zu nicht unbeträchtlichen Irrtümern führen kann, wenn man die Pfeilhöhe einer unbelasteten Feder einfach nachmißt und das Meßergebnis für die wahre Pfeilhöhe p_0 hält. Der erwähnte Rückgang des Pfeilhöhenverlustes $p_0' - p_0$ bei längerem Lagern der Federn wirkt sich auch auf die Pfeilhöhe p unter Last aus, d. h. man würde eine zu große Pfeilhöhe p_b messen, wenn man eine Feder, die längere Zeit unbenutzt gelegen hat oder beim Verladen geworfen worden ist, einfach mit Q belastete. Daher ist es unbedingt notwendig, jede zu prüfende Feder erst einmal der Prüflast Q_p zu unterwerfen und wieder völlig zu entlasten und erst dann mit der beschriebenen Messung der Pfeilhöhen- oder Tragkraftmittelwerte zu beginnen.

Durch Messen der Pfeilhöhen- oder Tragkraft-Mittelwerte läßt sich die mittlere (wahre) Kennlinie der Feder punktweise ermitteln. Sie ist ziemlich genau eine Gerade oder höchstens ganz schwach gekrümmt, wenn die Pfeilhöhe p_0 im Verhältnis zur Federlänge L nicht zu groß ist. Dies gilt jedoch nur solange, als die Strecklage der Feder nicht unterschritten wird, solange also die Pfeilhöhe *positiv* ist. Belastet man nämlich die Feder so stark, daß sie die Strecklage unterschreitet und *negative* Pfeilhöhen annimmt, so wird man meistens eine Richtungsänderung der mittleren Kennlinie feststellen können und zwar in dem Sinne, daß jetzt die Einheitsfederung, also die Durchbiegung je Lasteinheit, kleiner ist als bei positiven Pfeilhöhen. Diese Erscheinung, die um so ausgesprochener ist, je dicker und zahlreicher die Federblätter im Verhältnis zur Federlänge L sind, und daher besonders stark bei Lokomotiv-Tragfedern zu beobachten ist, deutet darauf hin, daß beim Übergang zu negativen Pfeilhöhen die Blattreibung beim Belasten offenbar größer ist als beim Entlasten, daß also die errechnete Kennlinie der reibungsfrei gedachten Feder nicht mehr mit der gemessenen mittleren Kennlinie zusammenfällt, sondern näher der Entlastungslinie verläuft.

Es hat nicht an Versuchen gefehlt, die Blattreibung rechnerisch zu erfassen[1]. Diese Versuche sind bisher als gescheitert zu betrachten. Richtig ist lediglich die Feststellung, daß die Reibung von der Federlast Q abhängt und im übrigen um so größer ist, je zahlreicher und dicker die Federblätter sind, und um so kleiner, je länger die Feder ist. Außerdem hängt die Reibung selbstverständlich stark von der Beschaffenheit der Blattoberflächen und dem Schmierzustand der Feder ab; z. B. ist an einer langen Eisenbahnpersonenwagenfeder bei verschiedenen Betriebszuständen die Reibung R zu 3% bis 15% der Last Q festgestellt worden; bei einer kurzen Güterwagenfeder ($L = 2\,l = 114$ cm, $n = 13$, $b = 9$ cm, $h = 1{,}3$ cm) lag R zwischen 20% und 40% der Last Q. Da die Gleitwege zwischen den einzelnen Blättern in der Strecklage am kleinsten sind, ist es zweckmäßig, die Federn möglichst dicht über der Strecklage arbeiten zu lassen. Unterschreitungen der Strecklage sollten aber bei ziemlich kurzen und aus dickeren Blättern bestehenden Federn vermieden werden.

Soweit geschichtete Blattfedern im Fahrzeugbau als Tragfedern Verwendung finden, ist ihre Reibung teils nützlich, teils unerwünscht. Sie ist nützlich, insofern sie durch Unstetigkeiten der Fahrbahn eingeleitete Schwingungsbewegungen des Fahrzeugs rasch zum Abklingen bringt. Besondere Schwingungsdämpfer, die bei

[1] Marie, A.: Les dénivellations de la voie et les oscillations du Matérial des chemins de fer. Ann. d. Mines, 10. Serie T. VII—IX, 1905/6. H. Dunot u. E. Pinot, Paris.

Verwendung reibungsfreier Federn unbedingt vorgesehen werden müßten, erübrigen sich daher zum mindesten bei allen Schienenfahrzeugen. Anderseits aber bewirkt die Blattreibung, daß die geschichtete Blattfeder erst ansprechen kann, wenn Kräfte oder Kraftänderungen auf sie einwirken, die im Mittel mindestens so groß sind, wie die der Federbelastung Q entsprechende Reibung $R_1 = R_2$. Allen Stoßkräften gegenüber, die diesen „Schwellwert" nicht erreichen, verhält sich die Feder wie ein starrer Körper, d. h. sie überträgt sie ungemildert auf das Fahrzeug, das dann u. U. „hart" und „rauh" läuft. Bei den luftbereiften Straßenfahrzeugen tritt dies nicht so stark in Erscheinung wie bei Schienenfahrzeugen. Bei diesen wird man daher darauf bedacht sein müssen, die Blattreibung möglichst klein zu halten, d. h. in erster Linie eine möglichst kleine Blattzahl anzustreben. Allerdings sind diesem Bestreben durch Rücksichten auf richtigen Aufbau der Federn Grenzen gesetzt. Diese Rücksichten lassen es ratsam erscheinen, kürzere Federn mit mindestens vier und längere mit mindestens fünf Blättern auszuführen.

5. Schräger Lastangriff. Unter Fahrzeugen sind die Blatt-Tragfedern häufig in Gehängen (Laschen, Schaken o. dgl.) aufgehängt, die mit der Lotrechten den Gehängewinkel α bilden (Abb. 20). Wird die Feder in ihrer Mitte M mit $Q = 2\,P$

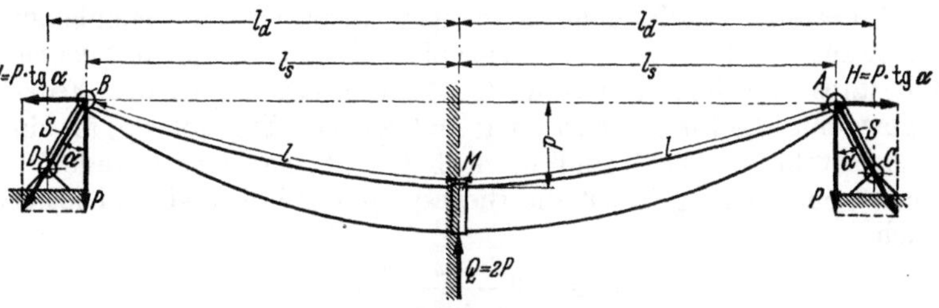

Abb. 20. Geschichtete Blattfeder mit schrägem Lastangriff.

belastet, so entstehen an den Federenden A und B außer den lotrechten Gegenkräften P die waagerechten Kräfte $H = P\,\mathrm{tg}\,\alpha$. Die Gehänge müssen die Kräfte $S = \frac{P}{\cos\alpha}$ aufnehmen. Jede waagerechte Verschiebung der Feder weckt infolge der Änderungen, welche dabei die anfänglich gleichen Winkel α bei A und B erfahren, einen Kraftüberschuß in waagerechter Richtung, der die Verschiebung rückgängig zu machen sucht. Die Federaufhängung in geneigten Gehängen benutzt man daher bekanntlich bei freien Lenkachsen, damit die ausgelenkte Achse in die Mittellage zurückgeführt wird. Aber auch bei festen Achsen (Straßenbahnwagen) ist diese Aufhängung von Vorteil, wenn das Achslagergehäuse nicht ganz spielfrei geführt wird; andernfalls würde das Achslagergehäuse dazu neigen, zwischen den Achshaltern hin- und herzuschlagen.

Wegen des zusätzlichen Biegemomentes, das die waagerechte Kraft $H = P\,\mathrm{tg}\,\alpha$ am Hebelarm p auf die Federmitte M ausübt, weicht die Berechnung der Durchbiegung bei schrägem Lastangriff nicht unbeträchtlich von der schon bekannten Berechnung für lotrechten Lastangriff ab. Im Fahrzeugbau, der das Hauptverwendungsgebiet der geschichteten Blattfedern bildet, wird fast ausnahmslos verlangt, daß die Feder bei einer gegebenen Last Q_1 und einem gegebenen Gehängewinkel α_1 eine bestimmte Pfeilhöhe p_1 aufweist. Überdies soll die Feder eine vorgeschriebene Einheitsfederung besitzen oder durch eine Laststeigerung von Q_1 auf Q_2 eine bestimmte Durchbiegung erfahren. Der Gang der Rechnung[1] ist folgender. Man

[1] Die Gl. (25) und (26) sind abgeleitet in dem Buch: GROSZ und LEHR, Die Federn.

errechnet zuerst mit den gegebenen Q_1, p_1 und α_1 die Pfeilhöhe p_0 in unbelastetem Zustande der Feder mittels der Gleichung

$$p_0 = p_1 + f_1 = p_1 + \frac{l^2 Q_1}{N}(l + 1{,}3\,p_1\,\mathrm{tg}\alpha_1)\,. \tag{25}$$

In dieser Gleichung ist $N = \frac{6\,J_0\,E}{K}$ eine Hilfsgröße, $J_0 = \frac{n\,b\,h^3}{12}$ die Summe der Trägheitsmomente der einzelnen Federblätter in Federmitte und K der von B'/B oder n'/n abhängige Beiwert nach Abb. 11. Der aus Gl. (25) gefundene Wert für p_0 wird in die Gleichung

$$f' = p_0 - p = \frac{l + 1{,}3\,p_0\,\mathrm{tg}\,\alpha_1}{\frac{N}{l^2 Q} + 1{,}3\,\mathrm{tg}\,\alpha_1} \tag{26}$$

eingesetzt, die es gestattet, die Durchbiegung f' oder die Pfeilhöhe p für jede beliebige andere Last Q, beispielsweise für Q_2, zu errechnen. Dieses Rechnungsverfahren liefert erfahrungsgemäß ausreichend richtige Werte zum mindestens für den eigentlichen Arbeitsbereich der Feder, d. h. für den Lastbereich, der der Nutzbelastung des Fahrzeuges einschließlich der Stoßwege entspricht. Dagegen kann die nach Gl. (25) ermittelte Pfeilhöhe p_0 weniger Anspruch auf Genauigkeit erheben. Das ist aber für den Benutzer der Feder ohne Belang, da p_0 im allgemeinen weit außerhalb ihres Arbeitsbereiches liegt. Andererseits ist es der Federhersteller ohnehin gewohnt, die für die Fertigung maßgebende Pfeilhöhe p_0 an einer Probefeder zu ermitteln. — Die Kennlinie nach Gl. (26) ist *keine* Gerade.

Bei schrägem Lastangriff ist die Biegespannung höher als bei lotrechtem; es ist nämlich

$$\sigma = 3\,\frac{l + p\,\mathrm{tg}\,\alpha_1}{n\,b\,h^2}\,Q\,. \tag{27}$$

In diese Gleichung sind zusammengehörende Werte von Q und p, wie sie Gl. (26) liefert, einzusetzen.

Mit der Berechnung von f' nach Gl. (26) ist die Aufgabe, die Federung einer Feder in geneigten Gehängen zu ermitteln, noch nicht ganz gelöst. Wie Abb. 20 zeigt, ist der Pfeilhöhe p die halbe Sehnenlänge l_s der Feder zugeordnet. Verringert sich p infolge weiterer Durchbiegung, so wächst offenbar l_s und wird schließlich für $p = 0$ gleich der Bogenlänge l. Dabei wird auch der Winkel α kleiner, der mit l_s, dem halben Abstand l_d der Gehängedrehpunkte und der Gehängelänge l_g durch die Beziehung

$$\sin\alpha = \frac{l_d - l_s}{l_g} \tag{28}$$

verknüpft ist. Infolgedessen verschiebt sich die Verbindungslinie $A\,B$ der Federenden um ein Stück s nach oben. Verringert sich der der Pfeilhöhe p_1 zugeordnete Winkel α_1 durch die Pfeilhöhenverminderung $p_1 - p_2 = f_2' - f_1'$ auf α_2, so ist

$$s = (\cos\alpha_2 - \cos\alpha_1)\,l_g\,. \tag{29}$$

Die *Gesamtfederung*, d. h. die Lagenänderung der Federmitte M gegen die im Raum feststehende Verbindungslinie $C\,D = 2\,l_d$ der Gehängedrehpunkte ist demnach

$$f = f' + s\,. \tag{30}$$

Um s nach Gl. (29) berechnen zu können, muß man zuvor die Winkel α für verschiedene l_s nach Gl. (28) bestimmen. Diese Aufgabe setzt aber die Kenntnis der Abhängigkeit zwischen l_s und der zugehörigen Pfeilhöhe p voraus. Wie schon auf S. 19 erwähnt, deckt sich der technische Begriff der Pfeilhöhe nicht immer mit dem geometrischen. In Abb. 21 ist das halbe Hauptblatt einer zweiarmigen Feder dargestellt. Dieses Hauptblatt von der Stärke h und der Bogenlänge l trägt an seinen Enden Federaugen mit dem lichten Durchmesser $2e$. Die geometrische Pfeilhöhe ist p^* und die geometrische halbe Sehnenlänge l_s^*. Für die Technik ist aber die ein wichtiges Einbaumaß darstellende Länge l_s von Bedeutung, und unter der Pfeilhöhe versteht sie in diesem Falle das Maß p, das sich wesentlich bequemer und besser messen läßt als p^*. Die Abhängigkeit zwischen l_s und p läßt sich nun aus den Gleichungen

$$(31)\quad \frac{p^*}{l_s^*} = \frac{p-e}{l_s},$$

$$(32)\quad l^* = l_s + \left(e + \frac{h}{2}\right) \frac{2\, l_s (p-e)}{l_s^2 + (p-e)^2},$$

$$(33)\quad p = p^* - \frac{h}{2} + \left(e + \frac{h}{2}\right) \cos\varphi,$$

$$(34)\quad l_s = l^* - \left(e + \frac{h}{2}\right) \sin\varphi$$

und aus den Abb. 22 und 23 bestimmen. Das Verfahren richtet sich danach, ob die zu einer Pfeilhöhe p_1 gehörende Länge l_{s1} oder die Bogenlänge l, d. h. die Federarmlänge in gestrecktem Zustand (Fertigungslänge), vorgeschrieben ist.

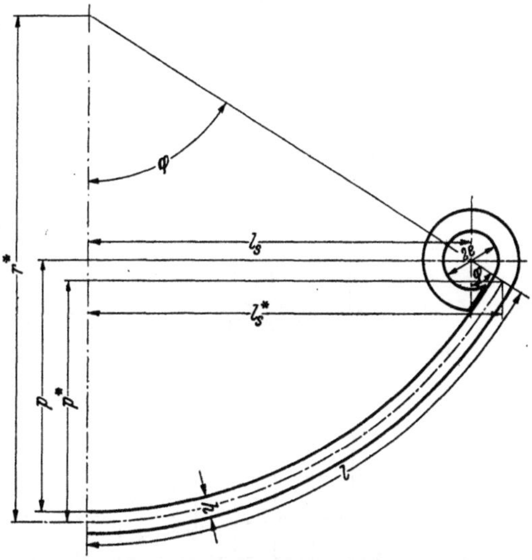

Abb. 21. Zur Berechnung der Federung bei schrägem Lastangriff.

1. Gegeben p_1 und l_{s1}.

a) Setze in Gl. (31) $p = p_1$ und $l_s = l_{s1}$ und errechne p_1^*/l_{s1}^*. Entnimm hierfür das zugehörige n_1 aus Abb. 22. Berechne für $p = p_1$ und l_{s1} die Länge l_1^* nach Gl. (32). Das Produkt $n_1 \cdot l_1^* = l$ ist die Bogenlänge des Federarmes.

b) Nimm der Reihe nach verschiedene Werte von p^* an, bilde p^*/l, entnimm Abb. 23 die zugehörigen m und multipliziere sie mit l. Die Produkte $ml = l_s^*$ sind die den angenommenen p^* entsprechenden l_s^*. Entnimm ferner für die p^*/l die zugehörigen $\sin\varphi$ und $\cos\varphi$ und berechne die zusammengehörenden p und l_s nach den Gl. (33) und (34). Diese werden in einem Schaubild aufgetragen.

2. Gegeben p_1 und l.

Verfahre wie unter 1 b) beschrieben.

Das hier angegebene Verfahren beruht auf der Annahme, daß die Feder bei allen Belastungen und Pfeilhöhen einen Kreisbogen bildet. Diese Annahme trifft nicht ganz zu. Es ist zweckmäßig, den Krümmungshalbmesser der unbelasteten Feder gegen die Federenden hin abnehmen zu lassen, um zu erreichen, daß die Federform *unter Last* einem Kreisbogen möglichst nahekommt und in der Strecklage wirklich eine Gerade ist und nicht irgendeine geschweifte Linie. Allerdings läßt sich auch durch diese Maßnahme eine strenge Kreisbogenform gerade bei den kleinsten Lasten nicht erreichen, und es ist daher nicht verwunderlich, daß die Rechnung bei kleinen Lasten und großen Pfeilhöhen recht ungenaue Ergebnisse liefert. Das ist aber im allgemeinen ohne Belang, da die Fahrzeugfedern eigentlich immer im Bereich größerer Lasten und — wenigstens heutzutage — kleiner Pfeilhöhen arbeiten, und da die Rechnung in diesem Bereich allen berechtigten Ansprüchen genügt.

Die Einheitsfederung läßt sich am besten dadurch bestimmen, daß man $f = f' + s$ in Abhängigkeit von Q aufträgt und in den zu untersuchenden Punkten die Tangente an die gefundene Linie legt. Die Neigung der Tangente stellt unter Berücksichtigung des Maßstabes die Einheitsfederung dar (vgl. Abb. 2).

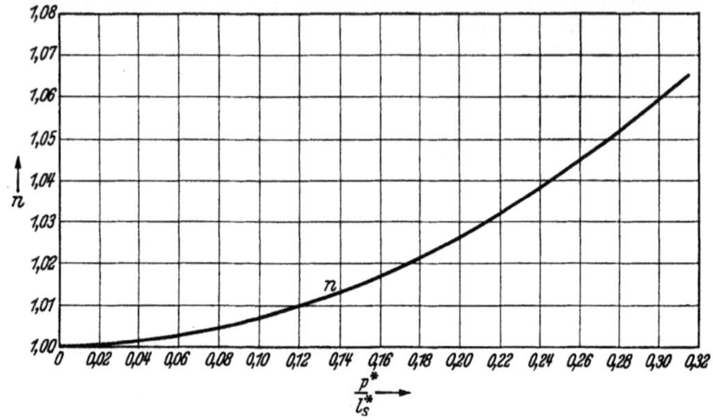

Abb. 22.

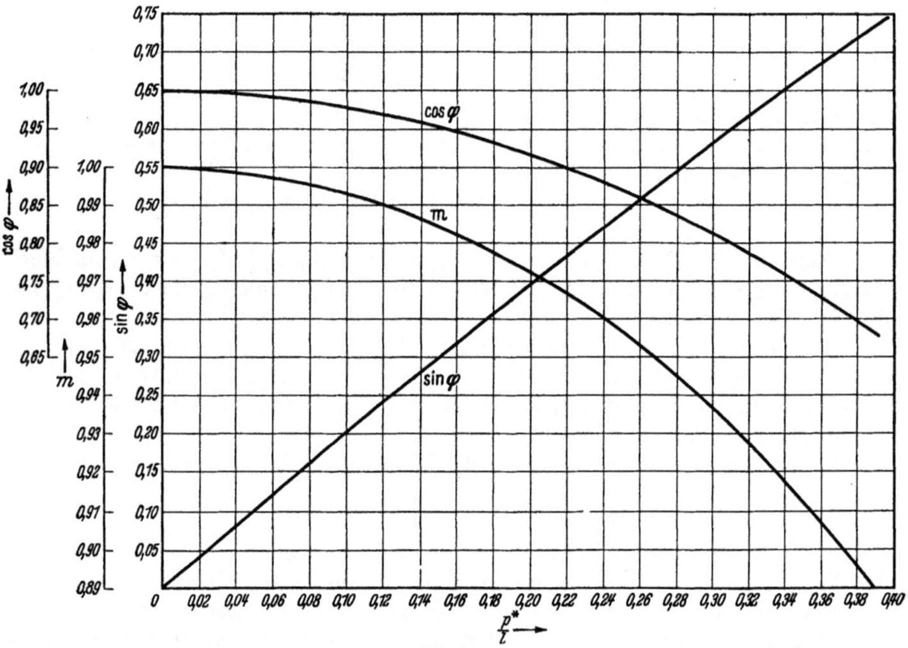

Abb. 23.

Abb. 22/23. Schaulinien zur Ermittlung des Zusammenhanges zwischen Sehnenlänge, Bogenlänge und Pfeilhöhe.

6. Ungleicharmige Federn. Im Kraftwagenbau müssen die Vorderfedern oft aus baulichen Rücksichten *ungleicharmig* ausgeführt werden (s. Abb. 24). Wird die Feder, deren Federarmendpunkte A und B in unbelastetem Zustande auf einer Horizontalen $A\,B$ liegen mögen, mit Q belastet, so entfällt auf den Endpunkt A des Federarmes von der Länge l_1 die Teilkraft

$$P_1 = \frac{l_2}{l_1 + l_2} Q,$$

auf den Endpunkt B des Armes von der Länge l_2 die Teilkraft

$$P_2 = \frac{l_1}{l_1 + l_2} Q.$$

Denkt man sich die Feder unter dem Bund C abgestützt, so senkt sich A um

$$f_1 = 4\,K \frac{l_1^3 P_1}{n\,b\,h^3 E} = 4\,K \frac{l_1^3 l_2}{l_1 + l_2} \frac{Q}{n\,b\,h^3 E} \tag{35}$$

und gelangt nach A_1; B senkt sich um

$$f_2 = 4\,K \frac{l_2^3 P_2}{n\,b\,h^3 E} = 4\,K \frac{l_1 l_2^3}{l_1 + l_2} \frac{Q}{n\,b\,h^3 E} \tag{36}$$

und gelangt nach B_1. Die neue Verbindungslinie $A_1 B_1$ der Federenden würde wegen der verschiedenen Größe von f_1 und f_2 gegen die Horizontale geneigt sein. In Wirklichkeit, d. h. unter dem Fahrzeug, ist aber zwangsweise auch die neue Verbindungslinie $A_1 B_1$ horizontal. Infolgedessen erfährt der Bund C eine Drehung um den Winkel, den die Linien AB und $A_1 B_1$ miteinander einschließen. Die Durchbiegung der Feder, d. h. die Verschiebung, welche die Verbindungslinie der Federarmendpunkte gegen den Bund C in diesem Falle erfährt, ist

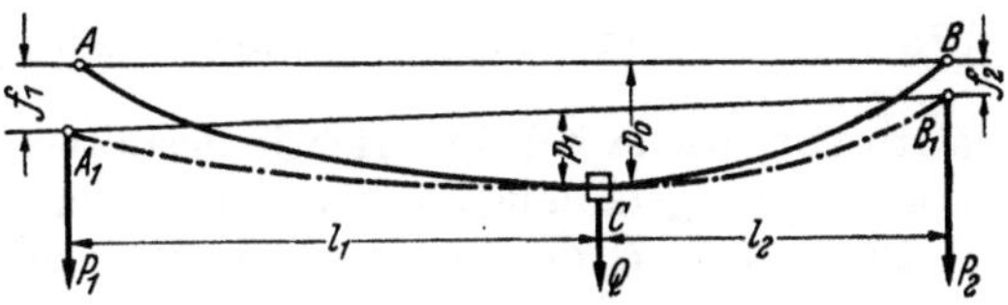

Abb. 24. Ungleicharmige Feder.

$$f = p_0 - p_1 = f_2 + (f_1 - f_2) \frac{l_2}{l_1 + l_2} = 4\,K \frac{l_1^2 l_2^2}{l_1 + l_2} \frac{Q}{n\,b\,h^3 E}. \tag{37}$$

In dieser Formel ist vorausgesetzt, daß die beiden Federarme gleiches K besitzen. Haben die Arme verschiedene K, so berechnet man am besten zuerst f_1 und f_2, danach f.

Die größte Biegespannung ist

$$\sigma = 6 \frac{l_1 l_2}{l_1 + l_2} \frac{Q}{n\,b\,h^2}. \tag{38}$$

Bei Verwendung ungleicharmiger Federn ist auf die erwähnte Drehung des Bundes Rücksicht zu nehmen, d. h. es muß Vorsorge getroffen werden, daß der Bund sich zwanglos drehen kann. Andernfalls werden die beiden Federarme verschieden hoch beansprucht, so daß die vorstehenden Entwicklungen nicht mehr gültig sind.

Die ungleicharmige Feder sollte nur dort angewendet werden, wo es bauliche Rücksichten unbedingt notwendig machen. Denn federungstechnische Vorteile gegenüber der gleicharmigen Feder besitzt sie selbstverständlich nicht. In der Herstellung stellt sie sich eher teuerer, da die Blattenden Trapezspitzen verschiedener Länge erhalten müssen, wenn die Längen der beiden Federarme stark voneinander abweichen.

7. Die geschichteten Blattfedern verschiedener Blattstärke. Im Kraftwagenbau sind immer noch Federn üblich, bei denen die Blattdicke vom Hauptblatt nach den kürzeren Blättern hin ungefähr stetig abnimmt, so daß etwa die Stärke des Hauptblattes um 25% größer, die des kürzesten Blattes um 25% geringer ist als die Stärke des mittelsten Blattes. Diese Bauart ist offenbar aus der Erwägung entstanden, daß das Hauptblatt, das bei Kraftwagen leider häufig auch die Antriebs-, Brems- und Führungskräfte aufzunehmen hat, einer Entlastung bedarf; denn der Bruch des Hauptblattes kann verhängnisvoll werden, wenn das abgefederte Rad dadurch die Führung verliert.

Die Durchbiegung einer solchen Feder mit abgestufter Blattstärke läßt sich mittels aus den Gl. (14), (17) und (37) herleitbarer Formeln berechnen. Bezeichnet für rechteckigen Blattquerschnitt

$$J_o = \frac{b}{12}(h_1^3 + h_2^3 + h_3^3 + \ldots + h_n^3)$$

die Summe der Trägheitsmomente der n einzelnen Blätter mit den verschiedenen Blattstärken h_1, h_2, h_3 usw., und entsprechend J_o' die Summe der Trägheitsmomente der *am Federende* vorhandenen Blätter, so ist

(14a) für die einarmige Feder $f = K \frac{l^3 P}{3 J_o E}$,

für die zweiarmige Feder $f = K \frac{l^3 Q}{6 J_o E}$,

(37a) für die ungleicharmige Feder $f = K \frac{l_1^2 l_2^2 \quad Q}{3(l_1 + l_2) J_o E}$,

sofern nur, wie es bei einer richtig gestalteten Feder der Fall sein sollte, J_o auf J_o' einigermaßen geradlinig abnimmt, der „Grundriß" also ungefähr ein Trapez bildet[1]. Die von J_o'/J_o abhängigen K-Werte sind Abb. 11 zu entnehmen.

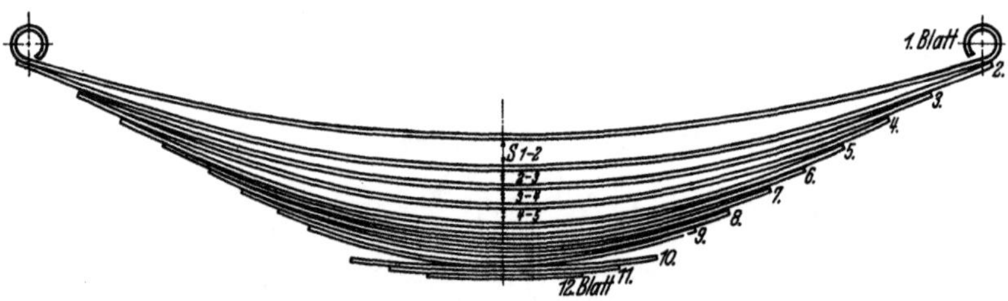

Abb. 25. Lose geschichtetes Blattbündel einer Kraftwagenfeder.

Wie schon erwähnt, soll die Abstufung der Blattstärke zugunsten einer Verstärkung des Hauptblattes zu einer Entlastung dieses Blattes dienen. Diese Maßnahme ist von sehr zweifelhaftem Wert. Es ist unbestritten, daß die Zug- oder Druckspannungen, die von Horizontalkräften herrühren, in einem dickeren Blatt kleiner sind als in einem dünneren, da der Flächeninhalt des Querschnittes von Bedeutung ist, und daß auch die Biegespannungen, die durch die Horizontalkräfte an der Wurzel des bei Kraftwagenfedern allgemein üblichen Federauges auftreten, kleiner ausfallen. Aber hinsichtlich des von der lotrechten Belastung Q herrührenden Biegemomentes ist das dickere Blatt zunächst benachteiligt, wenn dickere und dünnere Blätter zu einem Blattbündel vereinigt sind und infolgedessen dieselbe Biegung erfahren. Denn es ist z. B. nach Gl. (16) mit

$$W_1 = \frac{J_o}{\left(\frac{h_1}{2}\right)}; \quad W_2 = \frac{J_o}{\left(\frac{h_2}{2}\right)}; \quad \text{usw.}$$

(16a) $$\sigma_1 = \frac{l Q}{4 J_o} h_1; \quad \sigma_2 = \frac{l Q}{4 J_o} h_2; \quad \text{usw.}$$

wenn die Zeiger 1, 2, 3 ... Blattstärke und Biegespannung der einzelnen Blätter bezeichnen. Aus dieser Erkenntnis heraus hat man versucht, durch verschiedene „Sprengung" der einzelnen Blätter einen Ausgleich zu schaffen. Abb. 25 zeigt das

[1] Für Federn, deren Grundriß vom Trapez stärker abweicht, empfiehlt sich das Verfahren von Stark (s. Grosz und Lehr: Die Federn).

lose geschichtete Blattbündel einer Kraftwagenfeder. Von den drei kürzesten Blättern abgesehen, nimmt der Krümmungshalbmesser vom 1. Blatt bis zum 9. Blatt ab, so daß zwischen dem 1. und 2. Blatt der Spalt S_{1-2}, zwischen dem 2. und 3. Blatt der Spalt S_{2-3} usw. entsteht. Wird ein solches Blattbündel in der Mitte zusammengespannt und dadurch in betriebsfertigen Zustand gebracht, so stellt sich eine allen Blättern gemeinsame mittlere Krümmung ein, indem sich die längeren Blätter stärker krümmen, die kürzeren Blätter an Krümmung verlieren, und die mittleren Blätter ihre Krümmung ungefähr beibehalten. Diese Krümmungsänderungen rufen Vorspannungen hervor, die in den längeren Blättern den von der äußeren Belastung Q herrührenden Spannungen entgegengerichtet, in den kürzeren Blättern aber, deren Krümmung vermindert worden ist, gleichgerichtet sind. Durch geeignete Wahl der Spaltgrößen S kann also die Betriebsspannung, d. h. die algebraische Summe aus Vorspannung und von Q herrührender Spannung, in den längeren und dickeren Blättern auf Kosten der Betriebsspannung der kürzeren Blätter gesenkt werden. Zweifellos hat man bei der beschriebenen Anwendung verschiedener Sprengung zunächst lediglich eine Entlastung des Hauptblattes gegenüber der von der *ruhenden Last* Q herrührenden Spannung bezweckt. Damit allein ist es aber noch nicht getan. Denn für die Haltbarkeit der Feder ist einmal die Größe der Ausschläge der Feder beim Fahren, zum andern die Dauerfestigkeit der Federblätter maßgebend. Nun nimmt die Dauerbiegefestigkeit gemäß Abb. 3 mit sinkender Mittelspannung σ_m, d. h. sinkender ruhender Betriebsspannung, tatsächlich zu. Anderseits vermindert sich die Größe der Spannungsschwankung, die einem gegebenen Ausschlag der ganzen Feder entspricht, mit abnehmender Blattstärke. Es kommt also darauf an, durch geeignete Wahl der Blattstärken und der Spaltgrößen solche Mittelspannungen und Spannungsausschläge der einzelnen Blätter zu erzielen, daß die den verschiedenen Mittelspannungen zugeordneten Spannungsausschläge innerhalb der Grenzen des Dauerfestigkeitsschaubildes Abb. 3 bleiben. Damit wäre allerdings erst der verschiedenen Größe der Spannungsausschläge, soweit sie durch die unterschiedliche Blattstärke und die Schwankungen der Last Q beim Fahren bedingt sind, Rechnung getragen. Das Hauptblatt soll aber überdies *zusätzliche* Spannungsausschläge, die von Führungskräften usw. herrühren, aufzunehmen in der Lage sein. Um dies Ziel zu erreichen, wird man daher mit der Größe der von Q herrührenden Spannungsausschläge nicht bis an die durch das Dauerfestigkeitsschaubild gegebene Grenze gehen können.

Der für die richtige Berechnung derartiger Federn erforderliche Rechnungsgang[1] ist so umständlich und zeitraubend, daß er keine Aussicht hat, in der Praxis je angewendet zu werden. Er kann daher hier übergangen werden. Es kommt hinzu, daß die mühsam errechneten Spaltweiten S und damit die ganze Spannungsverteilung sich ändert, wenn die neue Feder sich, wie auf S. 21 beschrieben, bei der ersten Prüfbelastung „setzt". Denn die einzelnen Blätter setzen sich selbstverständlich entsprechend ihrer verschiedenen Mittelspannung verschieden stark, d. h. um so mehr, je größer ihre Mittelspannung ist. Die Werkstatt wird daher nach wie vor die Spaltweiten nach Gefühl und Gutdünken wählen. Dann besteht aber die Gefahr, daß sie ungünstigenfalls das Gegenteil von dem erreicht, was sie anstrebt. Alle diese Gründe sprechen dafür, die Feder mit verschiedenen Blattstärken möglichst zu vermeiden und gegebenenfalls eine bessere, wenn auch kostspieligere Gestaltung des Federauges (s. Abb. 37) in Erwägung zu ziehen. Vor allem aber ist es zu empfehlen, die Fahrzeugtragfeder von allen Nebenaufgaben wie Aufnahme der Antriebs-, Brems- und Führungskräfte zu befreien, damit sie im Hinblick auf ihren

---

[1] Siehe Grosz und Lehr: Die Federn.

eigentlichen Zweck, die Milderung lotrechter Stöße, möglichst zweckmäßig gestaltet werden kann.

8. Bauliche Einzelheiten und Abmaße. Die im Blattfederbau anzutreffenden baulichen Einzelheiten sind so vielgestaltig, daß hier nur auf die wichtigsten und vor allem auf die in Deutschland üblichen Ausführungsformen hingewiesen werden kann[1].

Für die Tragfedern der Schienenfahrzeuge wird in Deutschland ausschließlich der gerippte Federstahl nach DIN 1570 verwendet (s. Abb. 26). Die stets auf die Druckseite (d. h. gemäß Abb. 17 *nach unten*) zu legende Rippe greift mit etwas Spiel in die Rille des darunterliegenden kürzeren Blattes ein und sichert auf diese Weise die einzelnen Blätter gegen Querverschiebungen. Aus dem Normblatt sind auch die für Länge und Breite des Querschnittes zulässigen Abmaße ersichtlich.

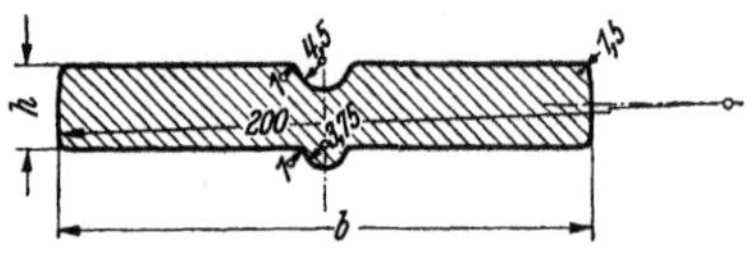

Abb. 26. Gerippter Federstahl nach Din 1570.

Diese Abmaße im Verein mit der vom genauen Rechteck etwas abweichenden Gestalt des Rippenstahlquerschnittes beeinflussen selbstverständlich die Größe des Widerstandsmomentes und vor allem des Trägheitsmomentes, wie es Abb. 27 für zwei besonders wichtige Querschnitte zeigt. Dieser Einfluß ist nicht sehr groß, so daß es zulässig und auch allgemein üblich ist, für die Federberechnung den Rippenstahl als strenges Rechteck aufzufassen und mit dessen *Sollmaßen* zu rechnen. Wenn man der Erhöhung des Trägheitsmomentes durch die versteifende Wirkung der Rippe vielfach dadurch Rechnung trägt, daß man mit $E = 2{,}2 \times 10^6\,\text{kg/cm}^2$ statt mit dem richtigeren Wert $E = 2{,}15 \cdot 10^6\,\text{kg/cm}^2$ rechnet, so ist hiergegen nichts einzuwenden, sofern man nicht außer acht läßt, daß es sich dabei um einen künstlich geschaffenen E-Wert handelt.

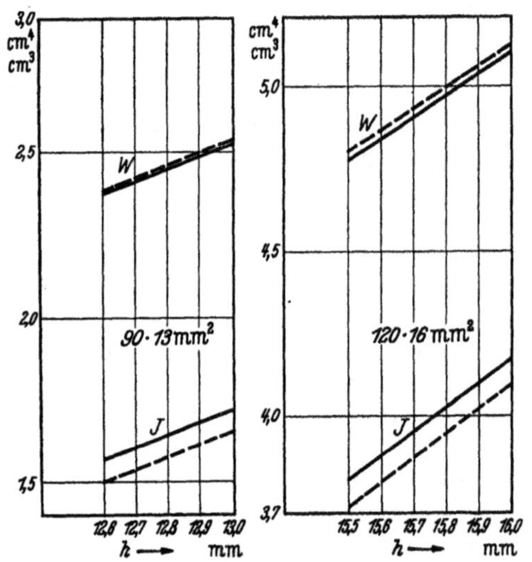

——— Rippenstahl nach DIN 1570 Reichsbahnausführung.
– – – Rechteck.

Abb. 27. Einfluß von Rippe und Rille, sowie der Abmaße auf Trägheits- und Widerstandsmoment des Rippenstahles nach Din 1570.

Bei den Federn der Straßenfahrzeuge überwiegt der einfache Rechteckstahl, dessen genormte Abmessungen und Abmaße in DIN Kr W 420 zusammengestellt sind. Als Sicherung gegen Seitenverschiebungen der Blätter sieht man Bügel vor, wie sie Abb. 28 erkennen läßt. Diese U-förmigen Bügel (s. DIN Vornorm Kr W 425) sind in ihrer Mitte mit dem Ende eines Federblattes, das dann, wie in Abb. 28 unten, häufig nicht gespitzt wird, vernietet, und die über das Blattbündel hinausragenden Schenkelenden durch einen über dem Hauptblatt liegenden Bolzen verschraubt. Selbstverständlich muß die Weite des Bügels etwas größer sein als die Blattbreite, und zwischen dem Bolzen und dem Hauptblatt ist etwas Spiel erforderlich, damit sich die Federblätter an dem Bolzen und an den Schenkeln nicht reiben. Bei einer anderen Ausführungsform (s. Abb. 29 und ebenfalls DIN Vornorm Kr W 425) wird der Bügel von oben her über das Blattbündel gesteckt; das

[1] Eine gute Übersicht über die Mannigfaltigkeit der Ausführungsformen gibt das Buch T. H. Sanders: Die Herstellung der Blattfedern. Berlin: Julius Springer 1927.

Blattende, an dem er befestigt werden soll, erhält dann ein kleines Auge, durch das der Bügelbolzen hindurchgeht.

Zieht man die Abmaße, deren tatsächliche Größe beim Entwurf einer Feder meistens noch gar nicht bekannt ist, ferner die Abweichung des Rippenstahlquer-

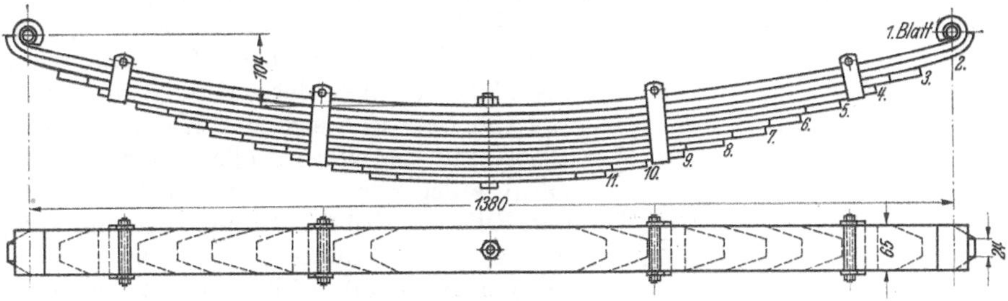

Abb. 28. Kraftwagenfeder mit Mittelbolzen und Federbügeln.

schnitts vom genauen Rechteck und die Ungenauigkeit der Rechnung selbst in Betracht, so folgt daraus, daß man dem Federhersteller nur *einen einzigen* Punkt der Kennlinie, d. h. nur *eine* bestimmte Pfeilhöhe bei *einer* bestimmten Last, als bindend vorschreiben darf, nicht aber etwa die Kennlinie in ihrem ganzen Verlauf. Und auch für diese eine Pfeilhöhe oder die zugehörige Last benötigt der Hersteller noch ein Abmaß, dessen Größe von der Federlänge l bei einarmigen und $L = 2\,l$ bei zweiarmigen Federn abhängt und Tab. 2 entnommen werden kann.

Tabelle 2.

Federlänge mm	Pfeilhöhen-abmaß mm
unter 900	4
900—1299	5
1300—1699	6
1700—1999	7
2000 und mehr	8
Doppelfedern	6

Diese Abmaße werden im allgemeinen als Plusmaße angewandt, doch steht nichts im Wege, das Abmaß in Plus- und Minusbeträge nach vollen Millimetern aufzuteilen, z. B. in $+4$ und -3 mm statt $+7$ mm.

Die zweiarmigen Eisenbahnfedern werden in ihrer Mitte durch einen Bund aus weichem Stahl (s. Abb. 17) zusammengehalten, der unter dem allseitigen Druck einer starken hydraulischen Presse warm aufgeschrumpft wird. Die Wandstärke des Bundes sollte bei Eisenbahnfedern mindestens 20 mm, bei Straßenbahnfedern mindestens 13 mm betragen. Anderseits empfiehlt es sich, mit der Bundlänge bei Eisenbahnfedern nicht unter 100 mm, bei Straßenbahnfedern nicht unter 80 mm zu gehen. Als Richtlinie mag allgemein der Hinweis dienen, daß die Bundlänge nicht wesentlich kleiner sein soll, als die Blattbreite. Die Bunde der Wagenfedern sind entweder einfach kastenförmig (Abb. 18), oder sie sind unten mit einem Zapfen versehen (Abb. 17), der beispielsweise in ein entsprechendes Loch der Achsbüchse eingreift.

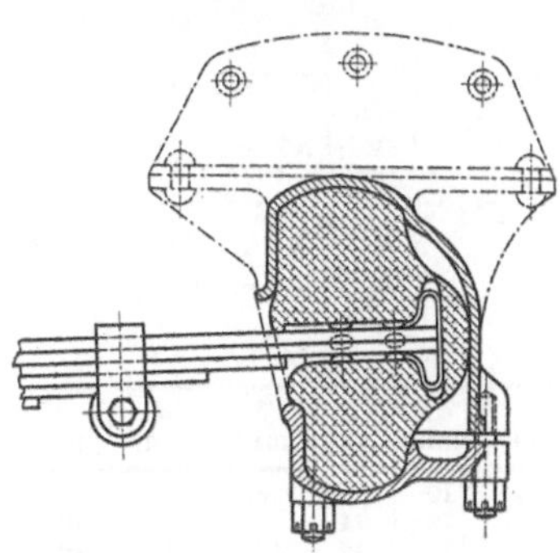

Abb. 29. In Gummi gelagertes Ende einer Kraftwagenfeder.

Lokomotivfedern müssen häufig drehbar aufgehängt werden. Der Bund erhält dann zwei Lappen, durch deren Bohrungen der Hängebolzen gesteckt wird (s. Abb. 30). In diesem Falle sind die Bundwände besonders reichlich zu bemessen, da sie nicht nur die Schrumpfspannungen, sondern auch die Federlast Q und ihre Schwankungen infolge der Schienenstöße aufzunehmen haben.

Der aufgeschrumpfte Bund umschließt zwar das Blattbündel mit starker Spannung; trotzdem ist es dringend zu empfehlen, besondere Maßnahmen zu treffen, die ein Verschieben des Bundes auf dem Blattbündel und der einzelnen Blätter in ihrer Längsrichtung unmöglich machen. Bei den Federn der Schienenfahrzeuge ist in Deutschland die Mittelwarzenbefestigung nach DIN 1571 üblich. In das Federblatt ist auf der Rillenseite eine Vertiefung eingedrückt (Abb. 31), die sich auf der Rippenseite als Warze herauswölbt. Beim Schichten des Blattbündels legt sich die Warze des einen Blattes in die etwas größere Vertiefung des darunterliegenden, wie dies auch bei Rippe und Rille der Fall ist. Rippe, Rille und Warze des kürzesten Blattes finden bei der Ausführung nach Abb. 17 in entsprechenden Ausnehmungen der unteren Bundwand Platz. Um den Bund über das Blattbündel schieben zu können, muß seine lichte Höhe selbstverständlich mindestens um die Höhe einer Warze größer sein als die Summe der Blattstärken. Anderseits entsteht über dem Blattbündel ein Spielraum von der Größe dieses Übermaßes, wenn der Bund an der richtigen Stelle sitzt, d. h. wenn die Warze des kürzesten Blattes in die entsprechende Vertiefung der unteren Bundwand eingreift. Dieser Spielraum wird bei aufgeschrumpften Bunden am einfachsten durch eine Beilage aus Flachstahl gefüllt (s. Abb. 17), die auf der einen Seite eine Nase trägt, auf der anderen waagerecht gespalten ist und aufgespleißt werden kann. Bei Bunden, die wegen ihrer verwickelten Bauart aus Stahlguß hergestellt werden müssen und sich nicht warm aufschrumpfen lassen — sie sind bei den Achsfedern der Straßenbahnwagen häufig zu finden —, ist die einfache Beilage nicht verwendbar. Um das Blattbündel mit dem Bund verspannen zu können, bedarf es einer keilförmigen Beilage und eines Treibkeiles (vgl. Normblatt-Entwürfe DIN 5712 und 5713). Selbstverständlich sitzt ein in dieser Art mit Keilen befestigter Bund niemals so fest wie ein aufgeschrumpfter, der daher, wenn irgend anwendbar, den Vorzug verdient. Nicht daß die Gefahr so groß wäre, daß sich das Blattbündel verschöbe; aber die Mittelwarze bedingt eine Schwächung des Blattquerschnittes; diese schwache Stelle muß durch die feste Einspannung im Bund hinreichend entlastet und geschützt werden. Wenn daher Federblätter in der Mittelwarze brechen, ohne daß grobe Fertigungsfehler vorliegen, ist dies ein untrügliches Zeichen dafür, daß der Bund das Blattbündel nicht mit genügender Spannung umschlossen hat.

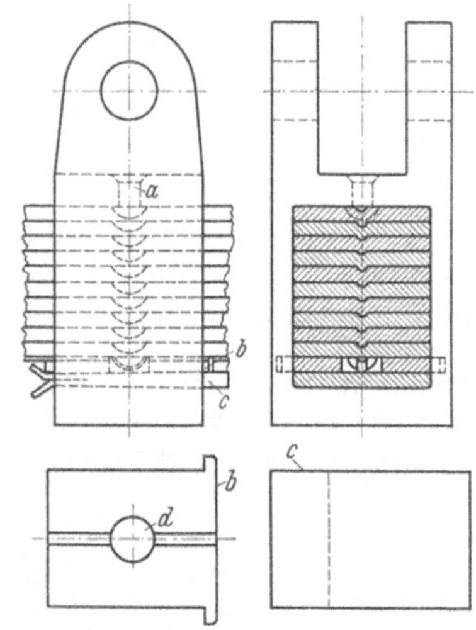

Abb. 30. Lokomotivfederbund. *a* = Niet, *b* = keilförmige Beilage, *c* = Spaltkeil, *d* = Bohrung in der Beilage *b* zur Aufnahme der Mittelwarze des kürzesten Federblattes.

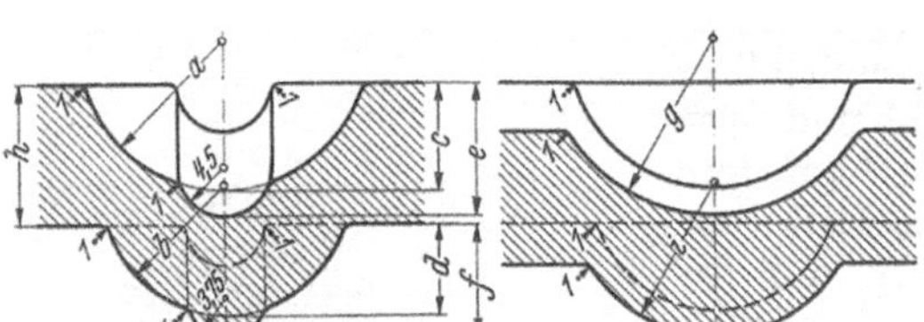

h mm	*a* mm	*b* mm	*c* mm	*d* mm	*e* mm	*f* mm	*g* mm	*i* mm
6—7	10	9	5,5	5	7,5	6,5	12	10,5
8—10	12	11	7,5	7	10	8,5	14,5	12,5
13—20	14	12	10	8,5	12,5	10,75	16,5	14,25

Abb. 31. Mittelwarzen nach Din 1571.

Auch bei einwandfrei aufgeschrumpften Bunden kann das der Fall sein, wenn sie zu kurz sind oder zu dünne Wände haben.

Ein gewisser Mangel der *über* dem Blattbündel angeordneten Beilage oder der Keile besteht darin, daß das Hauptblatt erst über den Umweg sämtlicher Mittelwarzen mit dem Bund in zwangschlüssiger Verbindung steht. Da die Warzenverbindung immer mit Spiel ausgeführt wird (s. Abb. 31), sind bei starken Stößen in Längsrichtung der Feder nicht unbeträchtliche Verschiebungen der Blätter immer noch möglich, wenn die Stoßkräfte größer sind als die Blattreibung im Bund. Bei den besonders starken Stößen ausgesetzten Lokomotivfedern wird daher häufig die in Abb. 30 dargestellte Befestigungsart gewählt. Hier ist in der oberen Bundwand ein Niet *a* (oder eine Schraube) nach DIN LON 4010 angeordnet, dessen Kopf in die Vertiefung des Hauptblattes hineinragt und einen unmittelbaren Kraftfluß zwischen Hauptblatt und Bund ermöglicht. Die keilförmige, an ihrem dünneren Ende mit seitlichen Nasen versehene Beilage *b* und der Spaltkeil *c* sind unter dem Blattbündel angeordnet. Die Warze des kürzesten Blattes wird durch die Bohrung *d* der Beilage *b* aufgenommen. Auf diese Weise ist auch noch das kürzeste Blatt mit dem Bund zwangschlüssig verbunden. Zu der Befestigungsart nach Abb. 30 muß man auch oft bei gegossenen, unterhalb des Achslagergehäuses angeordneten Bunden von Straßenbahnfedern greifen, wenn sich Beilage und Keil infolge Unzugänglichkeit nicht über dem Blattbündel anordnen lassen.

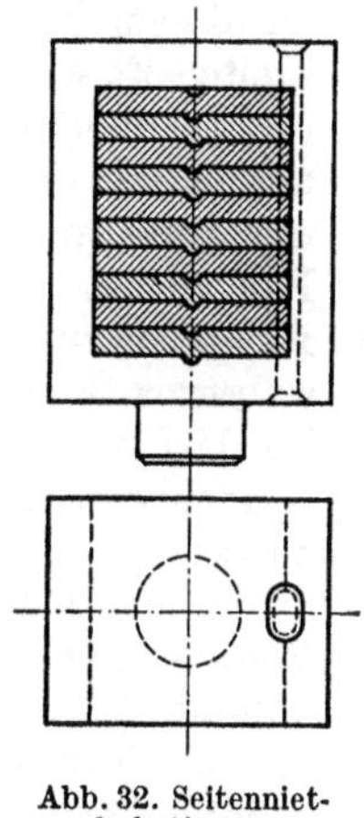

Abb. 32. Seitennietbefestigung.

Besonders im Ausland ist bei aufgeschrumpften Bunden der Seitenniet oder Seitenkeil (Abb. 32) als Bundsicherung beliebt. Gegen diese Bauart, durch die sich jede Beilage ersparen läßt, ist nichts einzuwenden, wenn besonders die den Keil tragende Bundwand ausreichend stark ist, und wenn der Keil länglichen Querschnitt (s. Abb. 32) erhält. Keile oder Niete mit Kreisquerschnitt haben sich dagegen weniger bewährt (Bruchgefahr für die Federblätter!). Auch der Mittelniet, d. h. Rundniet, der mitten durch die Deckwände des Bundes und des Blattbündels geht, ist nicht zu empfehlen. Eine Abart des Seitennietes stellt die bei Lokomotivfedern immer noch verwendete Winkelplatte (Abb. 33) dar; der eine Schenkel ragt durch ein Fenster in die Ausfräsung der Federblätter hinein, der andere ist außen mit der kräftig gehaltenen Bundwand verschraubt.

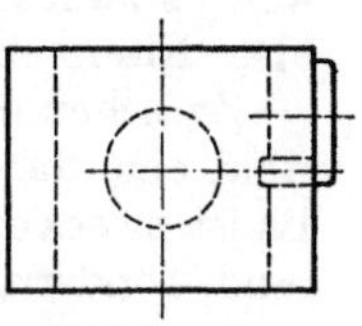

Abb. 33. Winkelplattenbefestigung.

Die Federn der Straßenfahrzeuge erhalten im allgemeinen keinen besonderen Bund, sondern werden mittels zweier Bügel (s. DIN Kr W 411 und 412) mit der Achse o. dgl. verschraubt (Abb. 34). Als Sicherung der Blätter gegen Längsverschiebungen dient meistens ein Mittelbolzen (s. Abb. 28) mit rundem (s. DIN Vornorm Kr W 424) oder mit flachem Schaft (s. DIN Vornorm Kr. W 423), der durch ein entsprechendes Rund- oder Langloch der Federblätter gesteckt wird. Der zylindrische Kopf des Bolzens ragt in eine Ausnehmung des Teiles, mit dem die Feder verschraubt ist (Achse o. dgl.), hinein und erfüllt die Aufgabe des Bundzapfens (s. Abb. 17).

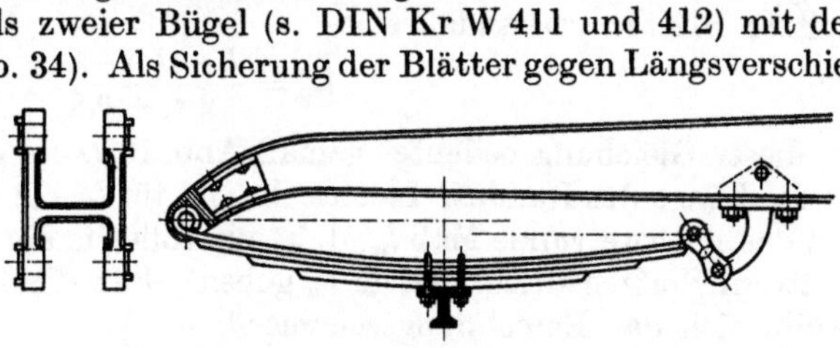

Abb. 34. Kraftwagenvorderfeder, auf der Achse mit Bügeln befestigt.

Die theoretisch richtige Länge l_{sp} der trapezförmig zugespitzten Blattenden ist nach Abb. 16 gleich dem halben Unterschied der Längen zweier aufeinanderfolgender gespitzter Blätter. Die Spitzen dürfen sogar eher noch ein wenig länger sein. Die Bemessung der Spitzenlänge gemäß Abb. 16 ist bei gleichbleibender Spitzenbreite $b' = 3$ cm durch DIN 1572 für Eisenbahnpersonenwagenfedern großer Länge und verhältnismäßig kleiner Blattzahl genormt. Dasselbe Normblatt sieht dagegen für Lokomotiv- und Güterwagenfedern einen einheitlichen Öffnungswinkel der Spitze von $2 \times 30°$ bei gleichbleibender Spitzenbreite $b' = 3{,}0$ cm vor (s. Abb. 17). In diesem Falle ergibt sich mithin die Spitzenlänge zwangläufig aus der Blattbreite. Es wird also zugunsten einer einfacheren Herstellung bewußt auf die theoretisch richtige Bemessung der Spitzenlänge verzichtet. Hiergegen ist nichts einzuwenden, wenn es sich, wie bei Lokomotiv- und Güterwagenfedern sehr häufig, um verhältnismäßig kurze und viellagige Federn handelt. Ist dies aber nicht der Fall, so ist es zweckmäßiger, sich an die für Personenwagenfedern angegebene Richtlinie zu halten und die Spitzenlängen nach Abb. 16 zu bemessen. Es ist aber selbstverständlich nicht notwendig, diese Richtlinie buchstäblich zu befolgen. Es darf nämlich nicht übersehen werden, daß jede Spitzenlänge ein besonderes Schneidwerkzeug erfordert. Es ist daher üblich, der Spitzenlänge ein rundes Maß zu geben, und man wird, besonders wenn es sich um die Fertigung kleinerer Stückzahlen handelt, dem Hersteller zugestehen, daß er mit Rücksicht auf vorhandene Werkzeuge eine Spitzenlänge wählt, die der theoretisch richtigen möglichst nahekommt. Sie sollte dann aber eher etwas länger sein als die theoretische. Auch von diesem Grundsatz wird man abgehen müssen, wenn bei Federn, die im Verhältnis zu ihrer Länge *sehr* wenige Blätter haben, eine ganz außergewöhnlich große Spitzenlänge erforderlich werden würde.

Für die Blattspitze der Kraftwagenfedern sieht DIN-Vornorm Kr W 426 einen unveränderlichen Öffnungswinkel von $2 \times 30°$, aber eine nach der Blattbreite b abgestufte Spitzenbreite b' und damit auch Spitzenlänge l_{sp} vor. Darüber, inwieweit es zweckmäßig ist, sich an diese Norm zu halten, gilt sinngemäß wieder das über Eisenbahnfedern Gesagte.

Zwischen der Länge l_{sp} der Spitze und den Längen der gespitzten Blätter besteht eine durch den trapezförmigen Grundriß der Feder gegebene Abhängigkeit. Es ist zweckmäßig, die Spitze des kürzesten Blattes nicht unmittelbar am Bundrand, sondern erst in einem Abstand a beginnen zu lassen, der mindestens etwa 1 cm betragen sollte, bei verhältnismäßig langen Federn mit wenigen Blättern aber auch ein Mehrfaches dieses Mindestmaßes sein darf. Anderseits macht man die halbe Länge des längsten gespitzten Blattes um etwas weniger als die halbe Spitzenlänge kleiner als die Federarmlänge l, also etwa $l - 0{,}4\, l_{sp}$. Dann ist, wenn n_s gespitzte Blätter vorhanden sind,

$$l_{sp} = \frac{L - L' - 2a}{2 n_s + 0{,}8}\,. \tag{39}$$

In dieser Gleichung bedeutet gemäß Abb. 16 L die gesamte Länge der Feder und L' die Länge des Bundes. Liefert Gl. (39) für l_{sp} ein unrundes Maß, so wird man es auf das nächste runde Maß l_w, d. h. auf volle cm abrunden und allen zu spitzenden Blättern Spitzen dieser Länge l_w geben. Für die Längen der gespitzten Blätter ergibt sich das Berechnungsschema:

$$(40)\quad \left\{ \begin{array}{lll} \text{Kürzestes Blatt:} & L_{n_s} = L' + 2\,(a + l_w)\,, \\ \text{Nächst längeres Blatt:} & L_{n_s - 1} = L_{n_s} + 2\, l_{sp}\,, \\ \text{Nächst längeres Blatt:} & L_{n_s - 2} = L_{n_s - 1} + 2\, l_{sp}\,. \end{array} \right.$$

usw.

Sehr mannigfaltig ist die Gestaltung der Lastangriffspunkte an den Federarmenden. Wohl am meisten verbreitet ist das angerollte Federauge (s. Abb. 17 und 34). Es wird zweckmäßigerweise nicht ganz geschlossen (die Deutsche Reichsbahn schreibt einen Spalt von mindestens 2 mm vor), da das Hauptblatt beim Dichtrollen des Auges leicht verletzt wird; zum mindesten besteht aber die Gefahr, daß sich in der Schließfuge Scheuerstellen bilden und zu einem Dauerbruch führen. Besonders die Augen der Kraftfahrzeugfedern werden häufig mit einer Büchse (heute vielfach aus Preßstoff) gefüttert (s. DIN Kr W 402). Bei den Federn der Straßenbahnfahrzeuge werden statt der Augen offene Haken nach Abb. 35 bevorzugt (s. DIN 5701 und 5702), da sie die Verwendung einteiliger Federgehänge (s. DIN 5721) gestatten. Diese hakenförmigen Federenden lassen sich durch Verschleißbleche nach Abb. 35 (s. DIN 5714) füttern. Das gekröpfte hakenförmige Federende nach Abb. 36 ist insofern wenig zweckmäßig, als es durch das nächste Blatt nicht unterstützt werden kann; auch bedeutet die scharfe Kröpfung eine Bruchgefahr.

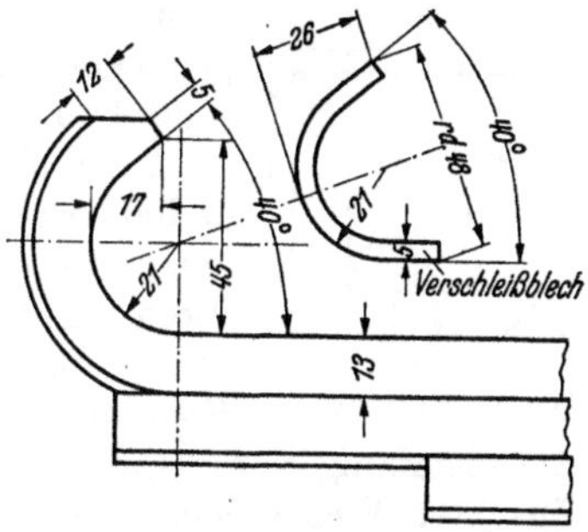

Abb. 35. Hakenförmiges Federende und Verschleißblech.

Die Federblätter, die bis unter das Auge oder das hakenförmige Ende vorgezogen werden, zum mindesten aber das auf das Hauptblatt folgende Blatt läßt man um 1,5 cm bis 2,0 cm über den Lastangriffspunkt (also z. B. über Mitte Federauge) nach außen ragen, damit Auge oder Haken mit Sicherheit unterstützt werden (s. Abb. 35). Die Unterstützung läßt sich nicht dadurch verbessern, daß man, wie es Abb. 28 zeigt, die Enden des zweiten Blattes an das Auge leicht anbiegt. Selbst wenn das angebogene Ende des zweiten Blattes das Federauge in unbelastetem Zustand der Feder umfaßt, so verliert es doch infolge der Längsschiebung der Federenden die Fühlung mit dem Auge, wenn die Feder durch die Belastung durchgebogen wird. Die angebogenen Enden des zweiten Blattes können höchstens dem Zweck dienen, daß sie im Falle eines Bruches des eigentlichen Auges als Fangvorrichtung für den Augenbolzen dienen und die Weiterfahrt, wenn auch mit verminderter Geschwindigkeit, gestatten. Dann muß aber die Anbiegung mindestens einen Viertelkreis bilden; die in Abb. 28 dargestellte Anbiegung ist zu klein, um ihren Zweck zu erfüllen.

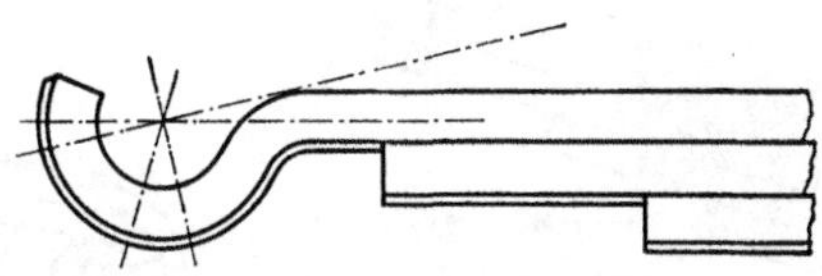
Abb. 36. Gekröpftes hakenförmiges Federende.

Bei kleineren Blattstärken h ist das angerollte Federauge etwas schwach und daher bruchanfällig. In diesem Falle ist das geschmiedete Auge nach Abb. 37 besser, leider aber auch kostspieliger, da das ganze Hauptblatt aus dem Vollen geschmiedet werden muß.

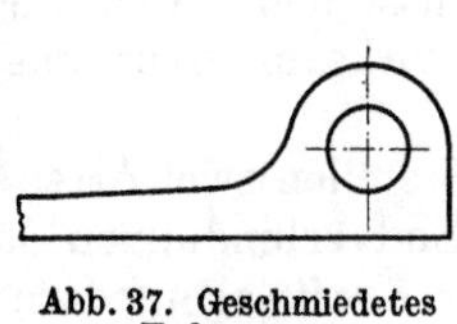
Abb. 37. Geschmiedetes Federauge.

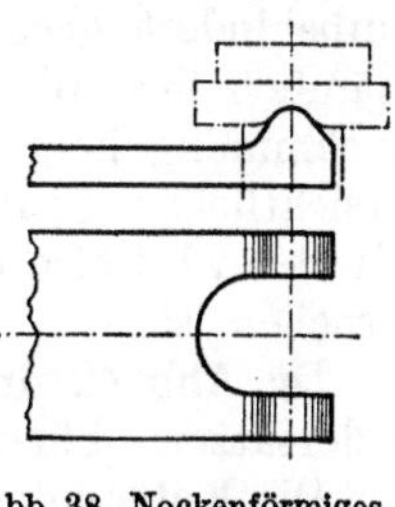
Abb. 38. Nockenförmiges Federende.

Bei lotrechtem oder nahezu lotrechtem Lastangriff findet häufig das nockenförmige Federende nach Abb. 38 Verwendung. Gewöhnlich wird dann der Gehängebolzen, der mittels einer gekerbten Scheibe auf der Nockenschneide reitet, durch eine Ausnehmung des Hauptblattes und gegebenenfalls auch der darunterliegenden Blätter hindurchgeführt. Der Nocken sollte so niedrig wie möglich gehalten werden, damit er sich noch durch Anstauchen herstellen läßt, d. h. die Nockenhöhe über Blattoberkante darf dann höchstens doppelt so groß sein, wie die Blattstärke. Dieser Beschränkung sind aufsetzbare Sattelstücke nach Abb. 39 nicht unterworfen. Sie werden aus weichem Stahl im Gesenk geschlagen und im Einsatz gehärtet. Bei der Bemessung der Länge des Langloches in den Federblättern ist gegebenenfalls darauf zu achten, daß sich die lichte Weite w gemäß Abb. 40 auf w' verringert, wenn die Blätter gekrümmt sind.

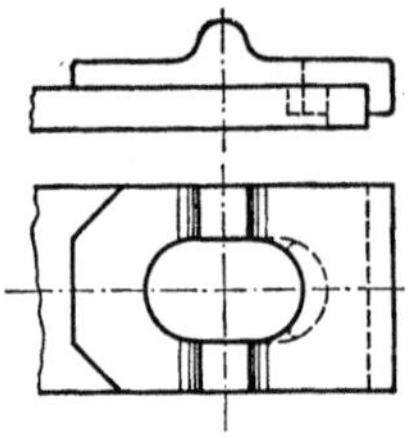

Abb. 39. Sattelstück.

Eine sehr einfache, aber wenig günstige Gestaltung der Blattenden, wie sie mitunter bei Straßenbahnwagen und, wenigstens an einem Federende, häufig bei Lastkraftwagen und ihren Anhängern zu finden ist, zeigt Abb. 41. Die abgebogenen Enden gleiten auf Flächen, die am Langträger des Fahrzeugs vorgesehen sind. Dieses Gleiten ist mit erheblicher Reibung verknüpft, welche die Eigenreibung der Feder in höchst unerwünschter Weise noch erhöht. Die Reibung wiederum bedingt lästige Geräusche und starken Verschleiß, dem man mitunter dadurch zu begegnen sucht, daß man auf die Enden des Hauptblattes dünne Verschleißbleche aufnietet.

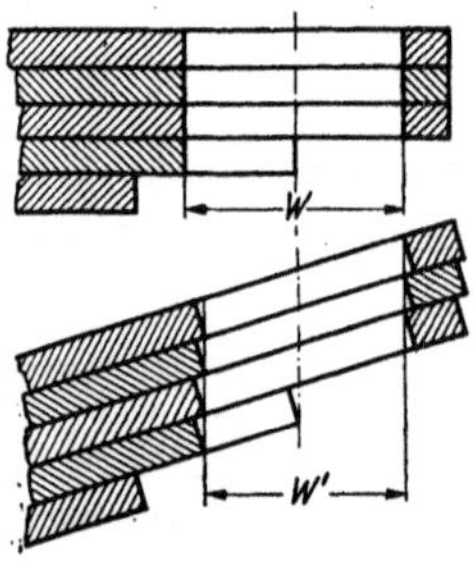

Abb. 40. Verringerung des lichten Durchganges w des Langloches auf w' infolge der Verschiebung der Blattenden.

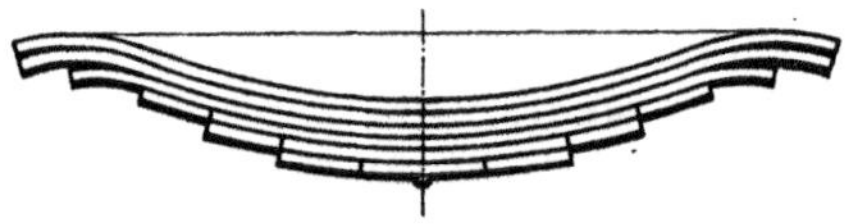

Abb. 41. Gleit-Blattfeder.

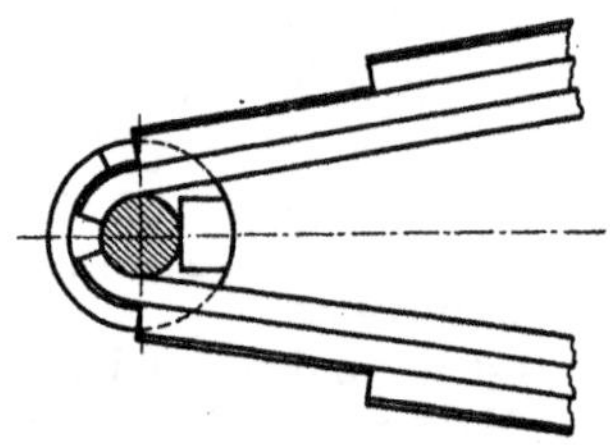

Abb. 43.

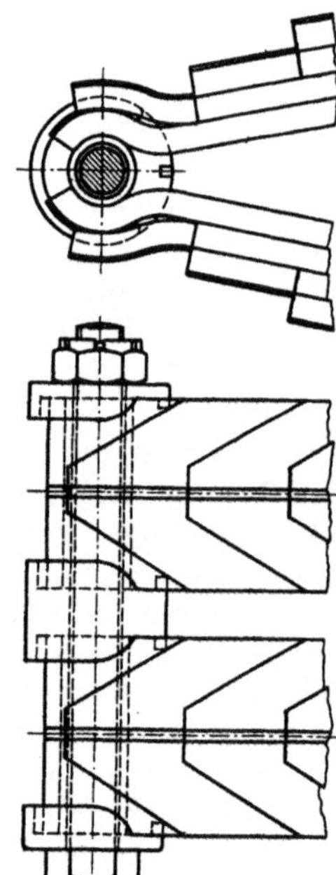

Abb. 42.

Abb. 42 u. 43. Endverbindungen für Doppelfedersätze.

Wegen der Doppelkrümmung der Blattenden kann das zweite Blatt nicht zur Entlastung des Hauptblattes herangezogen werden. Damit sich die Enden der längeren Blätter unbehindert gegeneinander verschieben können, müssen nämlich ihre Blattenden nach unten zu mit wachsender Krümmung hergestellt werden, so daß die aus Abb. 41 ersichtlichen Spalte entstehen. Das Ende des zweiten Blattes wird also erst wirksam, wenn das Hauptblatt gebrochen ist.

Die Abb. 42 und 43 stellen zwei Arten der bei Doppelfedersätzen üblichen Endverbindungen dar (vgl. auch Abb. 18).

Die Federenden der Kraftwagenfedern werden häufig in Gummi gelagert, wie es Abb. 29 an einem Beispiel zeigt.

9. Das Entwerfen der Federn für Schienenfahrzeuge. Gegeben ist stets der auf eine Feder entfallende Anteil Q_1 des Eigengewichtes G_0 des Fahrzeuges. Bei der Ermittelung von Q_1 ist von G_0 das Gewicht G_u der ungefederten Massen, z. B. der Radsätze, Achslagerkästen, Tatzenlagermotoren, Treib- und Kuppelstangen usw., abzuziehen.

Gegeben ist ferner der auf eine Feder entfallende Anteil Q_n der aus Fahrgästen oder Gütern bestehenden *Nutzlast.* Die Belastung der Feder bei beladenem Fahrzeug ist also $Q_2 = Q_1 + Q_n$.

Bei allen Schienenfahrzeugen unterliegt das *Federspiel*, d. h. die mögliche Vertikalverschiebung zwischen den gefederten und ungefederten Teilen des Fahrzeuges Beschränkungen, die beim Entwurf der Federn zu beachten sind. Bei Eisenbahnfahrzeugen entspringen diese Beschränkungen den Vorschriften über höchsten und niedrigsten Pufferstand, bei Straßenbahnwagen ergeben sie sich aus Rücksichten auf die Bodenfreiheit, begrenztes Spiel der Achslagergehäuse in ihren Führungen, größte Trittbretthöhe usw.

Über die günstigsten Werte der *Einheitsfederung* liegen für die verschiedenen Fahrzeugarten gewisse Erfahrungen vor. Der Entwurf wird daher versuchen müssen, diesen Werten möglichst gerecht zu werden.

Für die *Federlänge* und ebenso für die *Blattbreite* ist vielfach ein gewisser Spielraum gegeben, sofern bestimmte Größtmaße nicht überschritten werden. Mitunter liegt aber auch die Federlänge unabänderlich fest, z. B. fast immer dann, wenn für ein vorhandenes Fahrzeug neue Federn entworfen werden müssen. Bei der Wahl des Blattquerschnittes muß man selbstverständlich auf gängige und genormte Größen Rücksicht nehmen. Die in dem DIN-Blatt 1570 niedergelegte Auswahl gerippter Federstähle ist gar nicht groß. Daß die durch *Blattdicke* und *Blattzahl* bedingte Höhe des Blattbündels und des Federbundes nach oben begrenzt ist, versteht sich mit Rücksicht auf die zur Verfügung stehende Bauhöhe, von der außer der Bundhöhe auch noch das Federspiel bestritten werden muß, von selbst.

Schließlich ist der *Biegespannung* besondere Beachtung zu schenken. Für Flach- und Rippenstahl können bei voller Ausnutzung des Fassungsvermögens oder der Tragkraft der Fahrzeuge σ-Werte zwischen 6000 kg/cm² und 7500 kg/cm² als zulässig gelten. Bei Federn geringer Einheitsfederung wird man sich an der unteren Grenze halten, während man bei Federn großer Einheitsfederung an die obere Grenze gehen darf. Selbstverständlich bieten diese Zahlenangaben lediglich einen Anhalt. Es gibt Fälle, z. B. bei den meistens sehr kurzen Federn der Schmalspurlokomotiven, in denen man weit unterhalb der niedrigsten genannten Beanspruchung wird bleiben müssen, um Mißerfolge zu vermeiden.

Wenn, wie es sehr häufig der Fall ist, bei gegebenem Federspiel oder vorgeschriebener Einheitsfederung die Federlänge ermittelt werden soll, empfiehlt sich folgender Rechnungsgang.

Es sei im Hinblick auf das zulässige Federspiel eine dem Nutzlastanteil Q_n je Feder entsprechende Absenkung des Fahrzeuges um $f_2 - f_1$ angängig. Bei der Federlast $Q_2 = Q_1 + Q_n$ soll die Spannung σ den Wert σ_2 nicht übersteigen. Dann ist nach Gl. (17) für Rechteckquerschnitt oder gewöhnlichen Rippenstahl nach DIN 1570

(41) $$f_2 - f_1 = 2\,K \frac{l^3\,Q_n}{n\,b\,h^3\,E}\,.$$

Die Biegespannung σ_2 für Q_2 ist nach Gl. (16)

(42) $$\sigma_2 = \frac{3\,l\,Q_2}{n\,b\,h^2}\,.$$

Aus den Gl. (41) und (42) folgt durch eine einfache Rechnung

$$l^2 = 1{,}5\,\frac{E}{K}\,\frac{Q_2}{\sigma_2}\,\frac{f_2 - f_1}{Q_n}\,h$$

oder

(43) $$l = \sqrt{1{,}5\,\frac{E}{K}}\,\sqrt{\frac{Q_2}{\sigma_2}\,\frac{f_2 - f_1}{Q_n}\,h}\,.$$

Der Wert von K schwankt nicht wesentlich. Mit dem guten Mittelwert $K_m = 1{,}25$ und mit $E = 2{,}15 \cdot 10^6\,\text{kg/cm}^2$ geht Gl. (43) über in

$$l = 1606 \sqrt{\frac{Q_2}{\sigma_2} \frac{f_2 - f_1}{Q_n} h}\,. \tag{44}$$

Aus dieser Gleichung, in der auch die Einheitsfederung $\frac{f_2 - f_1}{Q_n}$ enthalten ist, läßt sich l errechnen, wenn h angenommen wird. Es bleibt dann nur noch die Blattzahl n zu bestimmen, und zwar mittels der aus Gl. (42) hergeleiteten Beziehung

$$n = \frac{3\, l\, Q_2}{b\, h^2\, \sigma_2}\,. \tag{45}$$

Zahlenbeispiel: Es ist die Tragfeder eines zweiachsigen Personenwagens von $G_0 = 17000\,\text{kg}$ Eigengewicht und $G_n = 8000$ kg Nutzlast zu entwerfen. Das Gewicht G_u der ungefederten Teile (Radsätze, Achslagergehäuse, auch die Federn selbst werden dazu gerechnet) beträgt 2700 kg. Ferner sei gegeben die

Blattbreite $b \leqq 12$ cm,
Biegespannung $\sigma_2 \leqq 7000\,\text{kg/cm}^2$,
Absenkung $f_2 - f_1 \leqq 5{,}4$ cm.

Der gefederte Teil G_1 des Eigengewichtes G_0 ist

$$G_1 = G_0 - G_u = 17000 - 2700 = 14300\,\text{kg}.$$

Dazu kommt die Nutzlast G_n, also

$$G_2 = G_1 + G_n = 14300 + 8000 = 22300\,\text{kg}.$$

Auf jede der 4 Federn entfällt

bei leerem Wagen $Q_1 = \frac{G_1}{4} = \frac{14300}{4} = 3575\,\text{kg}$,

bei besetztem Wagen $Q_2 = \frac{G_2}{4} = \frac{22300}{4} = 5575\,\text{kg}$,

Demnach ist der Nutzlastanteil $Q_n = Q_2 - Q_2 = 2000\,\text{kg}$.

Um die Blattzahl möglichst klein zu halten, wird man die größte zulässige Blattbreite von 12 cm voll ausnutzen, zumal genormte Stähle von dieser Breite vorhanden sind. Es sollen nun die Lösungen für $h = 1{,}3$ cm (gerippter Federstahl R 120 × 13 DIN 1570) und für $h = 1{,}6$ cm (R 120 × 16 DIN 1570) gesucht werden.

1. $h = 1{,}3$ cm.

Mit den gegebenen Größen liefert Gl. (44)

$$l = 1606 \sqrt{\frac{5575}{7000} \frac{5{,}4}{2000} 1{,}3} = 1606 \sqrt{0{,}0028} = 80{,}8\,\text{cm}$$

und Gl. (45)

$$n = \frac{3 \cdot 80{,}8 \cdot 5575}{12 \cdot 1{,}3^2 \cdot 7000} = 9{,}5.$$

Da die Blattzahl eine ganze Zahl sein muß, wählt man $n = 10$ und ersieht aus Gl. (45), daß man dann l von 80,8 cm auf 85 cm erhöhen kann, ohne gegen die Vorschrift $\sigma_2 \leqq 7000\,\text{kg/cm}^2$ zu verstoßen.

Jetzt muß die Absenkung $f_2 - f_1$ für $l = 85$ cm mit dem *wahren* Wert von K nachgeprüft werden. Bei einer aus $n = 10$ Blättern bestehenden Feder wird man zwei Blätter zur Unterstützung der Federaugen bis zum Federende durchführen, so daß die Federenden in $n' = 3$ Blättern (einschl. des Hauptblattes) auslaufen. Es ist daher

$$\frac{n'}{n} = \frac{3}{10} = 0{,}3$$

und nach Abb. 11 $K = 1{,}25$, wie angenommen.

Damit liefert Gl. (41)

$$f_2 - f_1 = 2 \cdot 1{,}25 \frac{85^3 \cdot 2000}{10 \cdot 12 \cdot 1{,}3^3 \cdot 2{,}15 \cdot 10^6} = 5{,}41\,\text{cm}.$$

Das zulässige Maß der Absenkung wird also voll ausgenutzt.

2. $h = 1{,}6$ cm.
Es ist nach Gl. (44)

$$l = 1606\sqrt{\frac{5575}{7000}\,\frac{5{,}4}{2000}\,1{,}6} = 1606\sqrt{0{,}00345} = 94 \text{ cm}$$

und nach Gl. (45)

$$n = \frac{3 \cdot 94 \cdot 5575}{12 \cdot 1{,}6^2 \cdot 7000} = 7{,}3.$$

Man wird sich für $n = 7$ entscheiden und mit Rücksicht auf σ_2 die halbe Federlänge auf $l = 90$ cm herabsetzen.

Bei einer aus $n = 7$ Blättern von 1,6 cm Dicke bestehenden Feder wird das Federauge hinreichend unterstützt, wenn man (außer dem Hauptblatt) ein weiteres Blatt bis zum Federende durchführt. Nach Gl. (41) ist dann mit

$$l = 90 \text{ cm}; \quad n = 7; \quad n' = 2; \quad \frac{n'}{n} = \frac{2}{7} = 0{,}286 \text{ und}$$

$K = 1{,}261$ nach Abb. 11

$$f_2 - f_1 = 2 \cdot 1{,}261\,\frac{90^3 \cdot 2000}{7 \cdot 12 \cdot 1{,}6^3 \cdot 2{,}15 \cdot 10^6} = 4{,}96 \text{ cm}.$$

Das zulässige Federspiel von 5,4 cm wird also nicht voll ausgenutzt. Trotzdem wird der Wagenbauer dieser Feder vor der aus 10 Blättern von 1,3 cm Dicke bestehenden den Vorzug geben, da ihre infolge der kleineren Blattzahl beträchtlich geringere Blattreibung die etwas kleinere Einheitsfederung in bezug auf die Güte des Wagenlaufes mindestens aufwiegt.

Mit dem gewählten Wert $a = 2$ cm und der für derartige Federn üblichen Bundlänge $L' = 10$ cm ist bei $n_s = n - n' = 7 - 2 = 5$ gespitzten Blättern die theoretische Spitzenlänge nach Gl. (39)

$$l_{sp} = \frac{180 - 10 - 4}{(10 + 0{,}8)} = 15{,}4 \text{ cm}.$$

Gewählt wird die *wirkliche* Spitzenlänge $l_w = 16$ cm. Dann ergeben sich nach den Gl. (40) die Blattlängen in gestrecktem Zustand:

$$\begin{aligned}
&7.\text{ Blatt: } L_7 = 10 + 2\,(2 + 16) &&= 46{,}0 \text{ cm}\\
&6.\ \text{,,}\ : L_6 = 46{,}0 + 2 \cdot 15{,}4 &&= 76{,}8 \text{ ,,}\\
&5.\ \text{,,}\ : L_5 = 76{,}8 + 30{,}8 &&= 107{,}6 \text{ ,,}\\
&4.\ \text{,,}\ : L_4 = 107{,}6 + 30{,}8 &&= 138{,}4 \text{ ,,}\\
&3.\ \text{,,}\ : L_3 = 138{,}4 + 30{,}8 &&= 169{,}2 \text{ ,,}
\end{aligned}$$

Dem 2. Blatt (nicht gespitzt) gibt man die Länge $L_2 = L + 2 \cdot 1{,}5 = 180 + 3 = 183$ cm, so daß es in gestrecktem Zustand der Feder auf jeder Seite um 1,5 cm über die Augenmitten hinausragt.

Tabelle 3.

p^* cm	p^*/l —	m —	l_s^* cm	$\sin\varphi$ —	$\cos\varphi$ —	p cm	l_s cm	α —	$\cos\alpha$ —
0	0	1	90	0	1	1,6	90	26° 45′	0,893
5,0	0,0556	0,9975	89,8	0,11	0,993	6,58	89,54	29° 45′	0,868
7,5	0,0835	0,995	89,55	0,167	0,987	9,07	89,15	32° 20′	0,845
10,0	0,1112	0,991	89,2	0,225	0,975	11,54	88,66	35° 45′	0,812
12,5	0,139	0,987	88,8	0,2775	0,96	14,0	88,13	39° 35′	0,771
15,0	0,167	0,981	88,3	0,3325	0,942	16,46	87,5	44° 30′	0,713
20,0	0,2224	0,966	86,95	0,4375	0,898	21,35	85,9	59° 20′	0,510
25,0	0,278	0,956	85,15	0,5425	0,84	26,22	88,85	—	—

Die Feder ist bisher für vertikalen Lastangriff berechnet worden. Zweiachsige Personenwagen mit großem Achsstand sind aber mit Lenkachsen ausgerüstet, welche die Aufhängung der Federn in schrägen Gehängen bedingen. Auch in diesem Falle wird man zweckmäßig zunächst mit vertikalem Lastangriff rechnen, da diese Rechnung in vielen Fällen zum mindesten einen guten Anhalt für die zu erwartende Absenkung gibt. Das zeigt sich, wenn man die unter 2. ermittelte Feder für schrägen Lastangriff durchrechnet.

Für diese Feder sei bei $Q_1 = 2\,P_1 = 3575$ kg die Pfeilhöhe $p_1 = 11$ cm und der Gehängewinkel $\alpha_1 \approx 35°$ vorgeschrieben. Die Federlaschen sollen eine Länge $l_g = 10$ cm, und die Federaugen einen lichten Durchmesser $2\,e = 3{,}2$ cm erhalten.

Zunächst muß die halbe Sehnenlänge l_{s_1} der Feder für $p_1 = 11$ cm ermittelt und dann der halbe Abstand l_d der Gehängedrehpunkte festgelegt werden.

Nach dem auf S. 25 unter 2. beschriebenen Verfahren bestimmt man unter Benutzung der Abb. 23 und der Gl. (33) und (34) die in Tab. 3 wiedergegebene Abhängigkeit zwischen p und l_s. Trägt man l_s in Abhängigkeit von p als Kurve auf, so kann man aus ihr ablesen, daß $p_1 = 11$ cm ein $l_{s1} = 88{,}8$ cm entspricht.

Mit $l_{s_1} = 88{,}8$ cm, $l_g = 10$ cm und $\alpha_1 = 35°$ ergibt sich aus Gl. (28)

$$l_d = l_{s_1} + l_g \sin\alpha_1 = 88{,}8 + 10 \cdot 0{,}5736 = 94{,}5 \text{ cm}$$

als der gesuchte halbe Drehpunktabstand.

Mit $Q_1 = 3575$ kg, $Q_2 = 5575$ kg, $p_1 = 11$ cm, $\operatorname{tg}\alpha_1 = 0{,}7$ und

$$N = \frac{6\,J_o E}{K} = \frac{6\,E}{K}\,\frac{n\,b\,h^3}{12} = \frac{6 \cdot 2{,}15 \cdot 10^6}{1{,}261}\,\frac{7 \cdot 12 \cdot 1{,}6^3}{12} = 294 \cdot 10^6 \text{ kg/cm}^2$$

ist nach Gl. (25)

$$p_o = p_1 + f_1' = 11 + \frac{90^2 \cdot 3575}{294 \cdot 10^6}\,(90 + 1{,}3 \cdot 11 \cdot 0{,}7) = 11 + 9{,}85 = 20{,}85 \text{ cm}.$$

Hiermit ist zugleich $f_1' = 9{,}85$ cm gefunden. Mit $Q = Q_2 = 5575$ kg und $p_o = 20{,}85$ cm ergibt sich aus Gl. (26) $f_2' = 14{,}70$ cm. Folglich ist $f_2' - f_1' = 14{,}70 - 9{,}85 = 4{,}85$ cm.

Dieser Wert unterscheidet sich nicht wesentlich von dem für vertikalen Lastangriff errechneten.

Jetzt muß man noch mittels Gl. (29) die Verschiebung s bestimmen, welche die Verbindungslinie der Federaugenmitten gegen die Verbindungslinie der Gehängedrehpunkte erfährt. Diese Aufgabe setzt voraus, daß die Abhängigkeit zwischen α und l_s oder p bekannt ist. Diese Abhängigkeit liefert Gl. (28), welche die einzelnen α zu errechnen gestattet, wenn man verschiedene Werte von l_s einsetzt. Die gefundenen Werte von α und von $\cos\alpha$ sind in der letzten Spalte der Tab. 3 enthalten. Trägt man jetzt $\cos\alpha$ in Abhängigkeit von p in einem Schaubild auf, so liest man für $p_1 = 11$ cm den schon bekannten Wert $\cos\alpha_1 = 0{,}82$ und für $p_2 = p_1 - (f_2' - f_1') = 11 - 4{,}85 = 6{,}15$ cm den zugehörigen Wert $\cos\alpha_2 = 0{,}872$ ab.

Demnach ist nach Gl. (29)

$$s = (\cos\alpha_2 - \cos\alpha_1)\,l_g = (0{,}872 - 0{,}82)\,10 = 0{,}52 \text{ cm},$$

und die *gesamte Absenkung* nach Gl. (30)

$$f_2 - f_1 = f_2' - f_1' + s = 4{,}85 + 0{,}52 = 5{,}37 \text{ cm}.$$

Sie liegt noch etwas unterhalb des zugelassenen Höchstwertes von 5,4 cm. Das Beispiel zeigt aber, daß Vorsicht geboten ist, wenn man sich auf die Berechnung für vertikalen Lastangriff beschränken will. Vorsicht ist besonders am Platz bei den verhältnismäßig kurzen Federn der Güterwagen mit ihrem sehr großen Nutzlastanteil.

10. Das Entwerfen der Federn für Straßenfahrzeuge. Viele der für den Entwurf der Federn für Schienenfahrzeuge maßgebenden Größen und Gesichtspunkte gelten auch für Kraftwagenfedern. Während aber dort überwiegend die dem Leerlastanteil Q_1 entsprechende Pfeilhöhe p_1 den wichtigsten Arbeitspunkt der Feder darstellt, kommt hier im allgemeinen der Pfeilhöhe p_2, welche die Federn bei voll ausgenutzter Tragkraft des Fahrzeugs annehmen, größere Bedeutung zu. Häufig besteht die Vorschrift, daß die Federn in diesem Zustand gestreckt oder nahezu gestreckt sein sollen.

Abgesehen von den Lokomotiven und einigen Sonderbauarten sind beim Schienenfahrzeug alle Federn einander gleich. Bei den Straßenfahrzeugen dagegen, jedenfalls soweit sie eigenen Antrieb besitzen, hat man zwischen Vorderachs- und Hinterachsfedern zu unterscheiden, deren Abmessungen schon wegen des ungleichen Lastanteiles Q_1 stark voneinander abzuweichen pflegen. Es kommt hinzu, daß beim eigentlichen Kraftwagen die Nutzlast überwiegend oder sogar allein von den Federn der Hinterachse (oder den Hinterachsen) aufgenommen werden muß.

Wie bei den Schienenfahrzeugen liegen auch für die Federn der Kraftfahrzeuge Erfahrungen für die günstigsten Werte der Einheitsfederung vor. Mit fortschreitender Erforschung des Wagenlaufes nach schwingungstechnischen Gesichtspunkten gewinnt aber die günstigste *Eigenschwingungszahl* des Fahrzeugs und mit ihr die *Einheitskraft* der Feder als Richtlinie für den Entwurf immer mehr an Bedeutung. Die früher abgeleiteten Gleichungen lassen sich aber ohne weiteres benutzen, da sie die Einheitsfederung enthalten, und da die Einheitskraft der Kehrwert der Einheitsfederung ist. Auch die für Schienenfahrzeuge angegebenen Beanspruchungsrichtwerte können sinngemäß auf Straßenfahrzeuge übertragen werden, wenn man sich auch zweckmäßig an ihrer unteren Grenze und sogar darunter halten wird. Soweit es sich um Stahl mit einfachem Rechteckquerschnitt handelt, steht nach DIN Kr W 420 eine reiche Auswahl genormter Querschnittsabmessungen zur Verfügung.

Besonders bei der Bemessung der Federn der Personenkraftwagen, an die höchste Ansprüche gestellt werden, berücksichtigt man heute mehr und mehr schwingungstechnische Erkenntnisse und die Ergebnisse der Dauerfestigkeitsforschung.

Auf die Ermittlung der günstigsten Eigenschwingungszahl kann hier nicht eingegangen werden[1]. Jedenfalls weiß man, daß je nach der Größe des Personenwagens die Vorderachsfedern bei Vollast zweckmäßig für eine Eigenschwingungszahl n_e von 100 bis 130 in der Minute und die Hinterachsfedern für $n_e = 70$ bis 100 in der Minute bemessen werden. Diesen Zahlen liegt die eine grobe Näherung darstellende Annahme zugrunde, daß jede einzelne Feder und die ihrem Lastanteil Q entsprechende Masse $m = Q/g$ je ein unabhängiges Schwingungssystem bildet. Zwischen Eigenschwingungszahl n_e, Masse m und Einheitskraft c besteht die bekannte Beziehung

$$n_e = \frac{60}{2\pi}\sqrt{\frac{c}{m}}\,.$$

Also ist

$$c = \frac{4\pi^2}{3600}\,n_e^2\,m = 0{,}011\,n_e^2\,\frac{Q}{g}$$

oder mit $g = 981$ cm/s^2

$$c = 11{,}2\cdot 10^{-6}\,n_e^2\,Q\,.$$

Die Haltbarkeit einer Feder hängt von den Spannungen, welche die Last des *ruhenden* Fahrzeugs in ihr hervorruft, erst in zweiter Linie ab. Von unmittelbarer Bedeutung ist vielmehr das Maß der *Spannungsschwankungen*, denen sie ausgesetzt ist, wenn das Fahrzeug auf einer unebenen Fahrbahn rollt, und die zum Dauerbruch führen, wenn sie die *Dauerfestigkeit* des Werkstoffes dauernd übersteigen. Die Spannungsschwankungen sind den Ausschlägen der Achse gegen das Fahrgestell verhältnisgleich. Nach den wenigen bisher bekanntgewordenen Messungen wird bei der Fahrt auf schlechten Straßen mit Ausschlägen bis zu ± 4 cm gegen die Mittellage zu rechnen sein. Anderseits ist durch Versuche[2] festgestellt worden, daß an geschichteten Blattfedern üblicher Bauart schon Dauerbrüche aufzutreten beginnen, wenn sie Schwankungen der Biegespannung von ± 1000 bis ± 1200 kg/cm² unterworfen werden. Hieraus folgt, daß die als zulässig zu erachtenden Schwankungen $\sigma^* = \sigma/f$ der Spannung $+ 250$ bis $+ 300$ kg/cm² je cm Federung nicht wesentlich übersteigen dürfen.

Aus Gl. (17) folgt

$$\sigma = \frac{3}{2}\,\frac{h\,E\,f}{K\,l^2} \tag{47}$$

und mit $\sigma^* = \sigma/f$ und $E = 2{,}15\cdot 10^6\cdot$ kg/cm²

$$h = 0{,}31\cdot 10^{-6}\,K\,\sigma^*\,l^2 \tag{48}$$

---

[1] S. z. B. Lehr: Z. VDI Bd. 74 (1930), S. 111 und Bd. 78 (1934), S. 329.

[2] S. Forschung Bd. 2 (1931) S. 287.

oder

$$l = 1800\sqrt{\frac{h}{K\,\sigma^*}}\,.$$

Die Gl. (47) und (48) gestatten es, für ein gewähltes σ^* zusammengehörende Werte von l und h zu berechnen. Führt man schließlich noch den für Kraftwagenfedern geltenden guten Mittelwert $K = 1{,}4$ ein, so ergibt sich

$$h = 0{,}434 \cdot 10^{-6}\,\sigma^*\,l^2$$

und

$$l = 1520\sqrt{\frac{h}{\sigma^*}}\,.$$

Mit $\sigma^* = 300$ kg/cm³ liefert Gl. (50) z. B.

für $l = 50$ cm $\quad h = 0{,}326$ cm
für $l = 60$ cm $\quad h = 0{,}469$ cm usw.

Zahlenbeispiel: Es soll eine Kraftwagenfeder für folgende Verhältnisse berechnet werden:

Last je Feder bei Vollast	Q_2	= 500 kg
Federarmlänge	l	= 60 cm
Eigenschwingungszahl bei Vollast	n_{e_2}	= 80/min
Zulässige Schwankung der Nennspannung für 1 cm Federung	σ^*	= 300 kg/cm³
Blattbreite	b	= 5 cm.

Die Feder muß nach Gl. (46) die Einheitskraft

$$c = 11{,}2 \cdot 10^{-6} \cdot n_{e_2}^2 \cdot Q_2 = 11{,}2 \cdot 10^{-6} \cdot 6400 \cdot 500 = 35{,}9 \text{ kg/cm}$$

erhalten. Die Blattdicke h ist nach Gl. (50)

$$h = 0{,}434 \cdot 10^{-6}\,\sigma^*\,l^2 = 0{,}434 \cdot 10^{-6} \cdot 300 \cdot 3600 = 0{,}469 \text{ cm.}$$

Entsprechend der nächsten genormten Blattstärke wird man $h = 0{,}5$ cm wählen.

Nach Gl. (17) ist $c = \dfrac{Q}{f} = \dfrac{n\,b\,E}{2\,K}\left(\dfrac{h}{l}\right)^3$

und

$$n = \frac{2\,K\,c}{b\,E}\left(\frac{l}{h}\right)^3,$$

oder mit $K = 1{,}4$ und den gegebenen oder bereits ermittelten Größen

$$n = \frac{2 \cdot 1{,}4 \cdot 35{,}9}{5 \cdot 2{,}15 \cdot 10^6}\left(\frac{60}{0{,}5}\right)^3 = 16{,}13 \approx 16.$$

Man wird das zweite Blatt zur Unterstützung des die Federaugen tragenden ersten Blattes bis zu den Federenden durchführen müssen, so daß also die Federenden in $n' = 2$ Blätter auslaufen. Für

$$\frac{n'}{n} = \frac{2}{16} = 0{,}125$$

ist nach Abb. 11 $K = 1{,}37$. Mithin ergibt sich

$$\text{nach Gl. (17) } c = \frac{n\,b\,E}{2\,K}\left(\frac{h}{l}\right)^3 = \frac{16 \cdot 5 \cdot 2{,}15 \cdot 10^6}{2 \cdot 1{,}37}\left(\frac{0{,}5}{60}\right)^3 = 36{,}4 \text{ kg/cm,}$$

$$\text{nach Gl. (46) } n_{e_2} = 10^3\sqrt{\frac{c}{11{,}2\,Q_2}} = 10^3\sqrt{\frac{36{,}4}{11{,}2 \cdot 500}} = 10^3\sqrt{\frac{0{,}65}{100}} = 80{,}6/\text{min.,}$$

$$\text{nach Gl. (48) } \sigma^* = \frac{h \cdot 10^6}{0{,}31\,K\,l^2} = \frac{0{,}5 \cdot 10^6}{0{,}31 \cdot 1{,}37 \cdot 3600} = 327 \text{ kg/cm}^3,$$

$$\text{nach Gl. (17) } f_2 = 2\,K\,\frac{l^3\,Q_2}{n\,b\,h^3\,E} = 2 \cdot 1{,}37\,\frac{0{,}216 \cdot 10^6 \cdot 500}{16 \cdot 5 \cdot 0{,}125 \cdot 2{,}15 \cdot 10^6} = 13{,}8 \text{ cm.}$$

11. Gestufte Blattfedern. Nach Abschn. 9 und 10 spielen bei der Bemessung der Fahrzeugfedern das zulässige Federspiel und Erfahrungswerte der Einheitsfederung oder der Eigenschwingungszahl des Fahrzeugs eine ausschlaggebende Rolle. Wegen der praktisch geraden Kennlinie der häufig verwendeten geschichteten Trapezfedern liegen Einheitsfederung und Eigenschwingungszahl durch das zulässige Federspiel eindeutig fest. Da die Eigenschwingungszahl auch von der Belastung der Feder abhängt, zeigt sie zwischen beladenem und leerem Fahrzeug höchst unerwünschterweise um so größere Unterschiede, je größer die Nutzlast im Verhältnis zum Eigengewicht des Fahrzeuges ist. Hat die Eigenschwingungszahl bei beladenem Fahrzeug die richtige Größe, so wird sie unter Umständen bei leerem Fahrzeug viel zu groß sein und einen harten und stoßenden Lauf bedingen. Der Verlauf der Kennlinie, die bei jeder Belastung dieselbe Eigenschwingungszahl gewährleistet, ist bekannt[1] und in Abb. 44 dargestellt. Nach den Gl. (46) vorausgehenden Entwicklungen ist sie dadurch gekennzeichnet, daß das Verhältnis aus Einheitskraft und Belastung für alle Belastungen unveränderlich ist. In ihrer Gleichung[2]

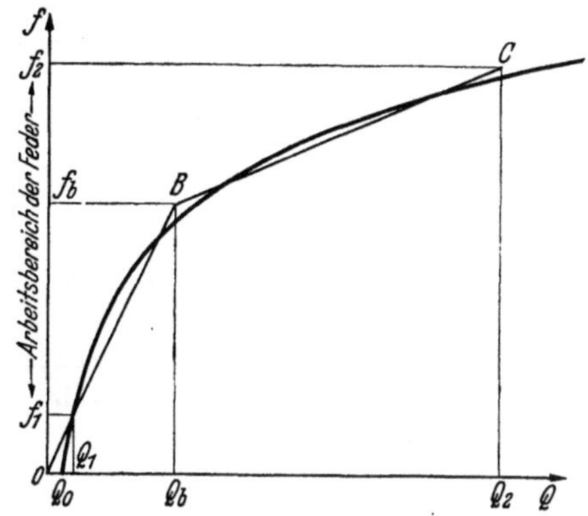

Abb. 44. Federkennlinie gleicher Schwingungszahl.

$$f = \frac{g}{4\pi^2 n^2} \ln \frac{Q}{Q_0} \tag{52}$$

bezeichnet g die Schwerbeschleunigung, n die unveränderliche Eigenschwingungszahl, Q_0 eine Belastung nach Abb. 44, die dem willkürlich angenommenen Nullpunkt der Federung ($f = 0$) entspricht, und Q eine beliebige andere Last, für die f berechnet werden soll.

Um die Kennlinie nach Gl. (52) zu verwirklichen, oder um ihr wenigstens nahe zu kommen, hat man verschiedene Wege beschritten. Bei Verwendung geschichteter Blattfedern werden überwiegend entweder Abwälzvorrichtungen benutzt, welche die wirksame Federlänge mit zunehmender Belastung stetig oder in engen Stufen verkürzen, oder es wird über oder unter der eigentlichen Feder eine kürzere Zusatzfeder angeordnet, die erst bei einer bestimmten Belastung in Tätigkeit tritt. Im zweiten Falle läßt sich selbstverständlich nicht eine stetig gekrümmte Linie, sondern nur ein aus zwei Ästen bestehender Linienzug erzielen, wie er ebenfalls in Abb. 44 dargestellt ist. Trotzdem finden derartige Federn in steigendem Maße Verwendung.

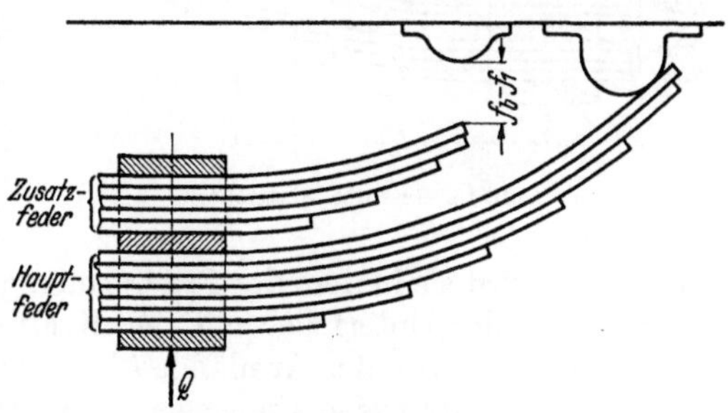

Abb. 45. Gestufte Blattfedern.

Die Berechnung gestaltet sich sehr einfach, wenn die Zusatzfeder *über* der eigentlichen Feder angeordnet ist. Abb. 45 möge das Federsystem bei der Belastung Q_1 darstellen. Zwischen dem freien Ende der Zusatzfeder und ihrem Arbeitsnocken ist der Spielraum f_b—f_1 vorhanden. Die Hauptfeder arbeitet also allein und zwar gemäß dem Ast $O\,B$ des gebrochenen Linienzuges der Abb. 44. Wächst die Last über P_1 hinaus, so wird dieser Spielraum infolge der Durchbiegung der Hauptfeder immer kleiner und verschwindet schließlich, wenn die Last die Größe Q_b erreicht

[1] MEINECKE, F.: Über Federung. Der Motorwagen XXIX (1926) S. 863 u. Derselbe: Das Federproblem. Der Motorwagen XXX (1927) S. 311.
[2] GROSZ, S.: Die Berechnung gestufter Blattfedern. Techn. Mitt. Krupp, Oktoberheft 1937.

(Punkt B der Abb. 44). Jetzt schaltet sich die Zusatzfeder der Hauptfeder parallel, und das System arbeitet gemäß dem Ast BC der Abb. 44. Bezeichnen c_h und c_z die Einheitskräfte der Haupt- und Zusatzfeder (vgl. den Kehrwert der Gl. (20)), so gelten die Gleichungen

(53) für den Ast OB: $f = \frac{Q}{c_h}$,

(54) für den Ast BC: $f - f_b = \frac{Q - Q_b}{c_h + c_z}$.

Die Federung ist also für

$$Q \leq Q_b: f = \frac{Q}{c_h},$$

(55) $$Q > Q_b: f = \frac{Q_b}{c_h} + \frac{Q - Q_b}{c_h + c_z}.$$

Zur Berechnung der *Biegespannungen* nach Gl. (16) ist die Kenntnis der auf die Haupt- und Zusatzfeder entfallenden Anteile Q_h und Q_z der Gesamtlast Q erforderlich. Es ist für

(56) $$Q \leq Q_b: Q_h = Q; \quad Q_z = 0.$$

(57) $$Q > Q_b: Q_h = \frac{c_h Q + c_z Q_b}{c_h + c_z}; \quad Q_z = \frac{c_z}{c_h + c_z}(Q - Q_b) = Q - Q_h.$$

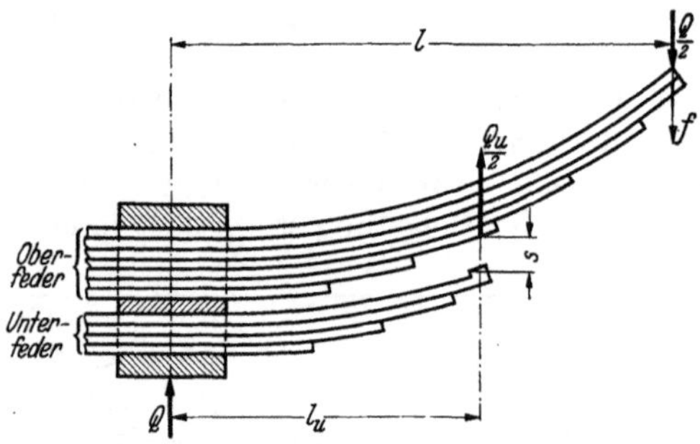

Abb. 46. Gestufte Blattfedern.

Wesentlich umständlicher gestaltet sich die Berechnung, wenn die Zusatzfeder *unterhalb* der Hauptfeder angeordnet ist (Abb. 46). Denn während bei der Anordnung nach Abb. 45 beide Federn gänzlich unabhängig voneinander arbeiten, beeinflußt hier die Zusatzfeder (Unterfeder) das Verhalten der Hauptfeder (Oberfeder), wenn für $Q > Q_b$ der Spalt s verschwindet; beide Federn verschmelzen gewissermaßen zu einer neuen. Für $Q \leq Q_b$ arbeitet die Oberfeder allein; für $Q > Q_b$ wird sie in dem der Federarmlänge der Unterfeder entsprechenden Abstand l_u von der Unterfeder mit der Kraft $Q_u/2$ unterstützt.

Die *Oberfeder* von der Armlänge l bestehe aus n_o Blättern von der Breite b und der Stärke h_o; am freien Ende seien n_o' Blätter vorhanden. Dann ist ihr Gesamtträgheitsmoment in Federmitte $J_o = \frac{n_o b h_o^3}{12}$, am freien Ende $J_o' = \frac{n_o' b h_o^3}{12}$. Für die Unterfeder mit der Armlänge l_u gilt entsprechend mit dem Zeiger u

$$J_u = \frac{n_u b h_u^3}{12} \text{ und } J_u' = \frac{n_u' b h_u^3}{12}.$$ Für $\frac{J_o'}{J_o}$ und $\frac{J_u'}{J_u}$ lassen sich Abb. 11 die Beiwerte K_o und K_u entnehmen. Die *Oberfeder* kann man sich zerlegt denken in die *Oberblätter*, d. h. die die Unterfeder überragenden Blätter (in Abb. 46 sind dies die oberen 4 Blätter), und in die *Unterblätter*, d. h. den Rest der Blätter der Oberfeder (in Abb. 46 sind dies die unteren 3 Blätter der Oberfeder). Es läßt sich weiterhin annehmen, daß sich für $Q > Q_b$ die Unterblätter der Oberfeder mit der eigentlichen Unterfeder zu einer neuen Unterfeder von der Armlänge l_u vereinigen, welche die

Oberblätter der Oberfeder mit der Kraft $Q_v/_2$ unterstützt. Mit der Abkürzung

(58) $$1 - \frac{J_o'}{J_o} = a$$

ist das *Trägheitsmoment der Oberblätter*, d. h. das Trägheitsmoment der Oberfeder im Abstand l_u von Federmitte,

(59) $$J_o'' = \left(1 - a\frac{l_u}{l}\right) J_o\,.$$

Für J_o'/J_o'' ergibt sich nach Abb. 11 der Beiwert K_o''.

Die *Unterblätter* der Oberfeder haben das Trägheitsmoment $J_o''' = J_0 - J_o''$ in Federmitte; an ihrem freien Ende l_u dagegen ist ihr Trägheitsmoment gleich Null. Mithin hat die *gedachte* neue *Unterfeder* in Federmitte das Trägheitsmoment

(60) $$J_v = J_u + J_o''' = J_u + J_o - J_o''\,;$$

ihr Trägheitsmoment am freien Ende ist J_u', da die Unterblätter der Oberfeder bei l_u das Trägheitsmoment Null haben. Für J_u'/J_v läßt sich Abb. 11 der Beiwert K_v entnehmen.

1. $Q \leq Q_b$. Die Oberfeder arbeitet allein.

Die Federung ist nach Gl. (17)

(61) $$f = \frac{K_o}{6}\,\frac{l^3 Q}{J_o E}\,.$$

Die größte Biegespannung (in Federmitte) ergibt sich nach Gl. (16) zu

(62) $$\sigma = \frac{3\,l\,Q}{n_o\,b\,h_o^2}\,.$$

2. $Q > Q_b$. Ober- und Unterfeder arbeiten gemeinsam.

Die Gesamtfederung von $Q = 0$ bis $Q > Q_b$ ist mit der Hilfsgröße

(63) $$D_v = \frac{3 - \frac{l_u}{l}}{2\,\frac{l_u}{l}\left(1 + K_v\,\frac{J_o''}{J_v}\right)}$$

und mit K_o'' für J_o'/J_o'' (nach Abb. 11)

(64) $$\left\{\begin{aligned} f = \frac{l^3}{6\,J_o''\,E}\Bigg\{ & K_o\,\frac{J_o''}{J_o}\,Q_b + \left[\frac{l_u}{l}\left[3 - \frac{l_u}{l}\left(3 - \frac{l_u}{l}\right)(1 + 0{,}5\,D_v)\right] + \right.\\ & \left. + K_o''\left(1 - \frac{l_u}{l}\right)^3\right](Q - Q_b)\Bigg\}.\end{aligned}\right.$$

Die Stützkraft der *wirklichen* Unterfeder ist

(65) $$Q_u = \frac{K_v}{K_u}\,\frac{J_u}{J_v}\,D_v\,(Q - Q_b)\,.$$

Die Spaltweite s_1, die bei einer Federbelastung $Q_1 < Q_b$ vorhanden sein muß, damit sich die Unterfeder bei $Q = Q_b$ zuschaltet, läßt sich mit der Hilfsgröße

(66) $$A = \left(1 - \mathrm{a}\,\frac{l_u}{l}\right) ln\left(1 - a\,\frac{l_u}{l}\right) + \mathrm{a}\,\frac{l_u}{l}$$

nach der Formel

(67) $$s_1 = \frac{l^3}{4\,a\,J_o\,E}\left[\left(\frac{l_u}{l}\right)^2 - \frac{2\,A}{a^2}\,(1 - a)\right](Q_b - Q_1)$$

errechnen.

Die *Biegespannung* ist
in der Oberfeder

(68) in Federmitte $\sigma = \frac{3\,l}{n_o\,b\,h_o^2}\left[Q - \frac{K_v}{K_u}\,\frac{l_u}{l}\,\frac{J_u}{J_v}\,D_v\,(Q - Q_b)\right],$

(69) im Abstand l_u $\sigma = \frac{(l - l_u)\,h_o}{4\,J_o''}\,Q\,;$

in der Unterfeder

(70) *in Federmitte* $\sigma = \frac{3\,l_u\,Q_u}{n_u\,b\,h_u^2} = \frac{3\,l_u}{n_u\,b\,h_u^2}\,\frac{K_v}{K_u}\,\frac{J_u}{J_v}\,D_v\,(Q - Q_b)\,.$

1. Zahlenbeispiel. Es ist eine gestufte Blattfeder nach Abb. 46 zu untersuchen.

Die *Oberfeder* von der Armlänge l bestehe aus $n_o = 7$ Blättern gleichen Rechteckquerschnittes von der Breite $b = 12$ cm und der Stärke $h_o = 1$ cm; die Zahl der Blätter am freien Ende sei $n_o' = 2$. Die Unterfeder von der Armlänge $l_u = 45$ cm möge aus $n_u = 4$ Blättern gleichen Rechteckquerschnittes von der Breite $b = 12$ cm und der Stärke $h_u = 1{,}2$ cm bestehen. Die Zahl der Blätter am freien Ende sei $n_u' = 1$.

Aus diesen gegebenen Größen errechnet sich:

$$J_o = \frac{n_o\,b\,h_o^3}{12} = \frac{7 \cdot 12 \cdot 1}{12} = 7\ \text{cm}^4;\quad J_o' = \frac{n_o'\,b\,h_o^3}{12} = \frac{2 \cdot 12 \cdot 1}{12} = 2\ \text{cm}^4;\quad \frac{J_o'}{J_o} = \frac{2}{7} = 0{,}286;$$

$$K_o = 1{,}26 \text{ nach Abb. 11};\ a = 1 - \frac{J_o'}{J_o} = 0{,}714 \text{ nach Gl. (58)};\ J_u = \frac{n_u\,b\,h_u^3}{12} = \frac{4 \cdot 12 \cdot 1{,}2^3}{12} =$$

$$= 6{,}91\ \text{cm}^4;\ J_u' = \frac{1 \cdot 12 \cdot 1{,}2^3}{12} = 1{,}728\ \text{cm}^4;\ \frac{J_u'}{J_u} = \frac{n_u'}{n_u} = \frac{1}{4} = 0{,}25;$$

$$K_u = 1{,}28 \text{ nach Abb. 11};\ \frac{l_u}{l} = \frac{45}{70} = 0{,}643;\ J_o'' = (1 - 0{,}714 \cdot 0{,}643)\,7 = 3{,}79\ \text{cm}^4$$
nach Gl. (59);

$$\frac{J_o'}{J_o''} = \frac{2}{3{,}79} = 0{,}528;\ K_o'' = 1{,}145 \text{ nach Abb. 11};\ J_v = J_u + J_o - J_o'' = 6{,}91 + 7 - 3{,}79 =$$

$$= 10{,}12\ \text{cm}^4 \text{ nach Gl. (60)};\ \frac{J_u'}{J_v} = \frac{1{,}728}{10{,}12} = 0{,}171;\ K_v = 1{,}335 \text{ nach Abb. 11}.$$

1. $Q \leq Q_b$

Nach Gl. (61): $f = \frac{1{,}26}{6}\,\frac{70^3\,Q}{7 \cdot 2{,}15 \cdot 10^6} = \frac{4{,}79}{1000}\,Q$ cm;

nach Gl. (62): $\sigma = \frac{3 \cdot 70 \cdot Q}{7 \cdot 12 \cdot 1} = 2{,}5\,Q$ kg/cm².

2. $Q > Q_b$

Nach Gl. (63): $D_v = \frac{3 - 0{,}643}{2 \cdot 0{,}643\left(1 + 1{,}335\,\frac{3{,}79}{10{,}12}\right)} = 1{,}226;$

$$\text{nach Gl. (64)}: f = \frac{70^3}{6 \cdot 3{,}79 \cdot 2{,}15 \cdot 10^6}\Big\{1{,}26\,\frac{3{,}79}{7}\,Q_b + \big[0{,}643\,[3 - 0{,}643\,(3 - 0{,}643) \times (1 - 0{,}5 \cdot 1{,}226)] + 1{,}145\,(1 - 0{,}643)^3\big]\,(Q - Q_b)\Big\}$$

$$= \frac{7{,}02}{1000}\Big\{0{,}682\,Q_b + 0{,}411\,(Q - Q_b)\Big\}$$

$$= \frac{7{,}02}{1000}\Big\{0{,}271\,Q_b + 0{,}411\,Q\Big\}\ \text{cm}.$$

Wenn $Q_b = 2000$ kg ist, errechnet sich hiermit für

$Q = 0$	1000	2000	3000 kg
$f = 0$	4,79	9,58	12,45 cm

Die *Einheitskraft* beträgt für

$$Q \leqq Q_b = 2000\text{ kg}: \frac{1000}{4{,}79} = \frac{2000}{9{,}58} = 209\text{ kg/cm}.$$

$$Q > Q_b = 2000\text{ kg}: \frac{3000 - 2000}{12{,}45 - 9{,}58} = 349\text{ kg/cm}.$$

Die Biegespannungen sind

in der *Oberfeder*

in Federmitte (nach Gl. (68): $\sigma = \frac{3 \cdot 70}{7 \cdot 12 \cdot 1}\left[Q - \frac{1{,}335}{1{,}28}\,0{,}643\,\frac{6{,}91}{10{,}12}\,1{,}226\,(Q - Q_b)\right]$

$$= 2{,}5\,[Q - 0{,}559\,(Q - Q_b)]$$
$$= 1{,}395\,Q_b + 1{,}1\,Q\text{ kg/cm}^2;$$

im Abstand l_u (nach Gl. (69): $\sigma = \frac{70 - 45}{4 \cdot 3{,}79}\,Q$

$$= 1{,}65\,Q\text{ kg/cm}^2;$$

in der *Unterfeder*

in Federmitte nach Gl. (70): $\sigma = \frac{3 \cdot 45}{4 \cdot 12 \cdot 1{,}2^2}\,\frac{1{,}335}{1{,}28}\,\frac{6{,}91}{10{,}12}\,1{,}226\,(Q - Q_b)$

$$= 1{,}7\,(Q - Q_b)\text{ kg/cm}^2.$$

Schließlich sei noch die Frage beantwortet, wie groß der Spalt $s = s_1$ (s. Abb. 46) für $Q_1 = 1000$ kg sein muß, damit die Unterfeder für $Q_b = 2000$ kg in Tätigkeit tritt.

Mit

$$ln\left(1 - a\frac{l_u}{l}\right) = ln\,(1 - 0{,}714 \cdot 0{,}643) = ln\,0{,}541 = ln\,\frac{541}{1000} = ln\,541 - ln\,1000$$
$$= 6{,}29342 - 6{,}90776 \approx -0{,}614$$

ist nach Gl. (66) die Hilfsgröße

$$A = -0{,}541 \cdot 0{,}614 + 0{,}714 \cdot 0{,}643 = 0{,}127$$

und der Spalt s_1 nach Gl. (67)

$$s_1 = \frac{70^3}{4 \cdot 0{,}714 \cdot 7 \cdot 2{,}15 \cdot 10^6}\left[0{,}643^2 - \frac{2 \cdot 0{,}127}{0{,}714^2}\,(1 - 0{,}714)\right](2000 - 1000)$$
$$= \frac{7{,}74}{1000} \cdot 0{,}271 \cdot 1000$$
$$= 2{,}1\text{ cm}.$$

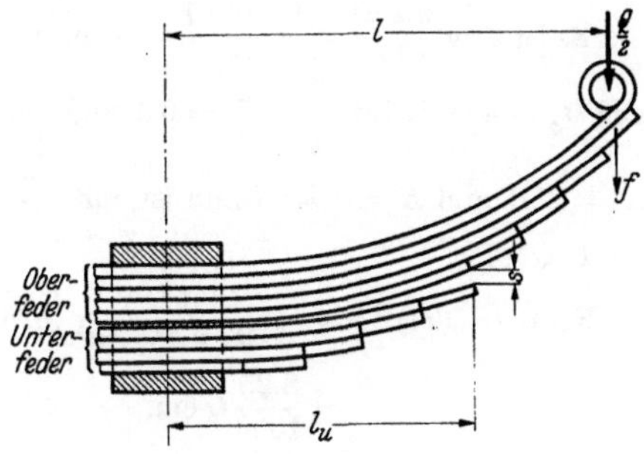

Abb. 47. Gestufte Blattfedern.

Eine Abart der gestuften Blattfeder nach Abb. 46 stellt die Feder nach Abb. 47 dar. Hier ist die Oberfeder keine vollständige Trapezfeder, sondern wird erst durch die Unterfeder zu einer solchen ergänzt. Von praktischer Bedeutung ist nur der Fall, daß Ober- und Unterfeder aus Blättern gleicher Breite b *und* Stärke h bestehen.

Die ganze Feder, d. h. Ober- und Unterfeder zusammen, möge aus n Blättern von der Breite b und der Stärke h bestehen. Die Zahl der Blätter an den Federenden sei n' und die Federarmlänge l. Die Feder ist aufgeteilt in die *Oberfeder* mit n_o Blättern und in die *Unterfeder* mit $n - n_o = n_u$ Blättern und der Armlänge l_u. Der Abb. 11 ist für $\frac{J'}{J_o} = \frac{n'}{n_o}$ der Beiwert K_o und für $\frac{J'}{J} = \frac{n'}{n}$ der Beiwert K zu entnehmen. Dann ist für

1. $Q \leq Q_b$

$$f = \frac{l^3}{6 J_o E}\left\{\frac{l_u}{l}\left[3 - \frac{l_u}{l}\left(3 - \frac{l_u}{l}\right)\right] + \left(1 - \frac{l_u}{l}\right)^3 K_o\right\} Q \tag{71}$$

und die *Biegespannung* in Federmitte

$$\sigma = \frac{3\, l\, Q}{n_o\, b\, h^2}. \tag{72}$$

2. $Q > Q_b$

$$f = \frac{l^3}{6 E}\left\{\frac{1}{J_o}\left(\frac{l_u}{l}\left[3 - \frac{l_u}{l}\left(3 - \frac{l_u}{l}\right)\right] + \left(1 - \frac{l_u}{l}\right)^3 K_o\right) Q_b + \frac{K}{J}(Q - Q_b)\right\} \tag{73}$$

und die *Biegespannung*

in der *Oberfeder*

$$\text{in Federmitte } \sigma = \frac{3\, l}{b\, h^2}\left(\frac{Q_b}{n_o} + \frac{Q - Q_b}{n}\right), \tag{74}$$

$$\text{im Abstand } l_u \quad \sigma = \frac{3\,(l - l_u)\, Q}{n_o\, b\, h^2}; \tag{75}$$

in der *Unterfeder* in Federmitte

$$\sigma = \frac{3\, l}{n\, b\, h^2}(Q - Q_b). \tag{76}$$

Der Spalt s_1 bei einer Last $Q_1 < Q_b$ ist

$$s_1 = \frac{l^3}{12 J_o E}\left(\frac{l_u}{l}\right)^2\left(3 - \frac{l_u}{l}\right)(Q - Q_b). \tag{77}$$

2. Zahlenbeispiel. Eine Feder nach Abb. 47 habe folgende Abmessungen:
$l = 75$ cm; $l_u = 53$ cm; $b = 12$ cm; $h = 1{,}0$ cm; $n = 9$; $n' = 2$; $n_o = 4$; $n_u = 5$.

Es ist $J = \frac{n\, b\, h^3}{12} = \frac{9 \cdot 12 \cdot 1}{12} = 9$ cm⁴ und für $n' = 2$ und $n_o = 4$ entsprechend $J' = 2$ cm^4 und $J_o = 4$ cm^4; für $\frac{J'}{J_o} = \frac{2}{4} = 0{,}5$ und $\frac{J'}{J} = \frac{2}{9} = 0{,}222$ ergeben sich nach Abb. 11 die Werte $K_o = 1{,}16$ und $K = 1{,}3$. Dann ist mit $\frac{l_u}{l} = \frac{53}{75} = 0{,}707$ für

1. $Q \leq Q_b$

Nach Gl. (71): $f = \frac{75^3}{6 \cdot 4 \cdot 2{,}15 \cdot 10^6}\left\{0{,}707\,[3 - 0{,}707\,(3 - 0{,}707)] + (1 - 0{,}707)^3 \cdot 1{,}16\right\} Q$

$= \frac{8{,}25}{1000} Q$ cm,

nach Gl. (72): $\sigma = \frac{3 \cdot 75}{4 \cdot 12 \cdot 1} Q$

$= 4{,}69\, Q$ kg/cm^2.

2. $Q > Q_b$

Nach Gl. (73): $f = \frac{75^3}{6 \cdot 2{,}15 \cdot 10^6}\left\{\frac{1}{4}\left((0{,}707\,[3 - 0{,}707\,(3 - 0{,}707)] + (1 - 0{,}707)^3 \cdot 1{,}16\right) Q_b + \frac{1{,}3}{9}(Q - Q_b)\right\}$

$= \frac{32{,}7}{1000}\left\{0{,}251\, Q_b + 0{,}145\,(Q - Q_b)\right\}$

$= \frac{32{,}7}{1000}\left\{0{,}106\, Q_b + 0{,}145\, Q\right\}$ cm.

Die *Einheitskraft* ist für

$$Q < Q_b: \; \frac{1000}{8{,}25} = 121 \text{ kg/cm}$$

$$Q > Q_b: \; \frac{1000}{32{,}7 \cdot 0{,}145} = 211 \text{ kg/cm}.$$

Als *Biegespannungen* ergeben sich
in der *Oberfeder*

in Federmitte nach Gl. (74): $\sigma = \frac{3 \cdot 75}{12 \cdot 1}\left[\frac{Q_b}{4} + \frac{Q - Q_b}{9}\right]$

$$= 18{,}75\,[0{,}25\,Q_b + 0{,}111\,(Q - Q_b)]$$
$$= 2{,}6\,Q_b + 2{,}08\,Q \text{ kg/cm}^2,$$

im Abstand l_u nach Gl. (75): $\sigma = \frac{3\,(75 - 53)\,Q}{4 \cdot 12 \cdot 1} = 1{,}375\,Q \text{ kg/cm}^2,$

in der *Unterfeder* in Federmitte

nach Gl. (76): $\sigma = \frac{3 \cdot 75}{9 \cdot 12 \cdot 1}\,(Q - Q_b)$

$$= 2{,}08\,(Q - Q_b) \text{ kg/cm}^2.$$

Der Spalt s_1 ist nach Gl. (77)

$$s_1 = \frac{75^3}{12 \cdot 4 \cdot 2{,}15 \cdot 10^6}\,0{,}707^2\,(3 - 0{,}707)\,(Q_b - Q_1)$$
$$= 4{,}69\,(Q_b - Q_1) \text{ cm}.$$

II. Scheibenförmige Biegungsfedern.

12. Die Tellerfeder. Tellerfedern sind Kegelschalen nach Abb. 48. Die über den inneren und äußeren Umfang gleichmäßig verteilt zu denkende Last Q drückt sie flacher, d. h. die lichte Höhe h_0 im unbelasteten Zustand sinkt auf das Maß h. Diese Verminderung $h_0 - h = f$ ist die Federung der Tellerfeder. Sie wird im allgemeinen nicht einzeln, sondern in Paaren verwendet, indem je zwei Teller mit ihren Außenkreisen gegeneinandergelegt werden. Entsprechend ihrer Eigenart (große Tragkraft bei sehr kleiner Federung) müssen mehrere solcher Tellerpaare aufeinandergesetzt und durch Führung in einem Rohr oder auf einem Bolzen zu einer Säule vereinigt werden, wenn größere Federungen erforderlich sind. Die Federung der Säule ist gleich der Summe der Federungen der einzelnen Teller.

Abb. 48. Tellerfeder.

Tellerfedern werden vorwiegend benutzt, wenn selten auftretende Stöße federnd aufgenommen werden sollen, oder wenn große Lasten zu tragen sind, die sich wenig und verhältnismäßig selten ändern. So dienen sie denn vorzugsweise als schwere Pufferfedern; auch wenn es gilt, stark belastete Bauteile, z. B. Ofenanker, nachgiebiger zu gestalten und dadurch vor unzulässigen Überlastungen zu schützen, leisten sie gute Dienste. Entsprechend diesen Verwendungszwecken läßt man hohe Beanspruchungen der Teller zu.

Die Berechnung der Tellerfedern ist in dem Buch Grosz und Lehr: Die Federn, eingehend behandelt. Hier soll nur das für alle technischen Zwecke völlig ausreichende Näherungsverfahren von Almen und László[1] angegeben werden. Für den

[1] Almen, J. O. u. A. László: The uniform section Disc spring. Trans. A. S. M. E. Bd. 58 (1936), S. 305.

Federteller aus Stahl (s. Abb. 48) ist

$$Q = \frac{f \cdot s}{\alpha r_a^2}\left[(h_o - f)\left(h_o - \frac{f}{2}\right) + s^2\right], \tag{78}$$

$$\sigma = \frac{f}{\alpha r_a^2}\left[\beta\left(h_o - \frac{f}{2}\right) + \gamma s\right]. \tag{79}$$

α, β und γ sind allein vom Durchmesserverhältnis d_i/d_a abhängige Beiwerte, die aus Abb. 49 entnommen werden können, s ist die Tellerdicke, r_a der Außenhalbmesser des Tellers (s. Abb 48) und σ die größte (am Innenrand des Tellers auftretende) Spannung. Leider sind diese Formeln recht unübersichtlich. Besonders stört es, daß sich f nicht in einfacher Weise in Abhängigkeit von Q ausdrücken läßt (für f ergäbe sich eine Gleichung 3. Grades, die schon darauf hindeutet, daß die Kennlinie der Tellerfedern *gekrümmt* ist, und zwar in dem Sinne, daß die Einheitsfederung mit wachsendem Q zunimmt). Die Formeln werden aber sehr einfach und klar und leisten zum mindesten für den ersten Entwurf sehr gute Dienste, wenn man in erster Annäherung das erste Glied in der eckigen Klammer beider Formeln streicht. Es ergibt sich dann

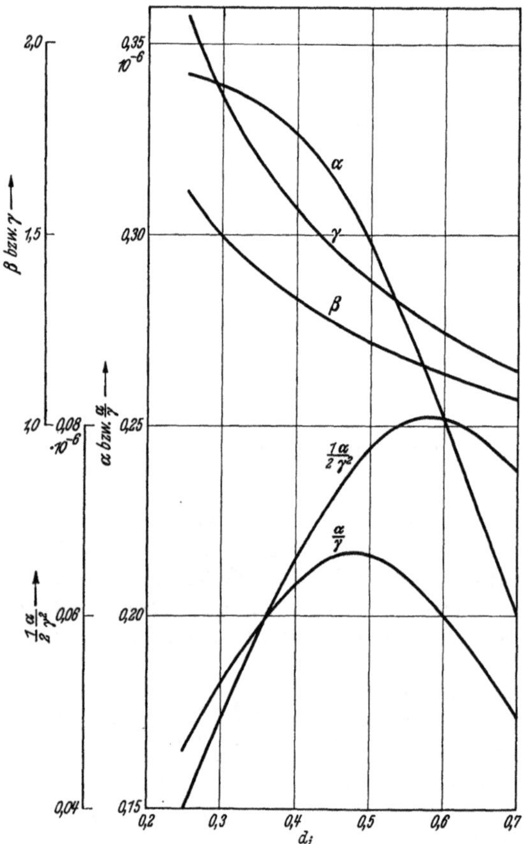

Abb. 49. Beiwerte α, β, γ, α/γ und $\frac{1}{2}\frac{\alpha}{\gamma^2}$ zur Tellerfederberechnung.

$$f = \alpha \frac{r_a^2}{s^3} Q = \frac{\alpha}{\gamma} \frac{r_a^2}{s} \sigma; \tag{80}$$

$$\sigma = \gamma \frac{Q}{s^2}; \tag{81}$$

$$A = \frac{1}{2} \frac{\alpha}{\gamma^2} r_a^2 s \sigma^2. \tag{82}$$

Die in den Gl. (80) und (82) vorkommenden Beiwertvereinigungen $\frac{\alpha}{\gamma}$ und $\frac{1}{2}\frac{\alpha}{\gamma^2}$ sind in Abb. 49 eingetragen. Ihr Verlauf gibt wichtige Hinweise für den Entwurf. Die α/γ-Linie besagt, daß die Federung f bei gegebenem r_a, s und σ (vgl. Gl. (80) für $d_i/d_a = 0{,}475$ einen Höchstwert erreicht. Dagegen liegt der Höchstwert des Arbeitsvermögens A gemäß der $\frac{1}{2}\frac{\alpha}{\gamma^2}$-Linie bei $d_i/d_a = 0{,}575$.

Zahlenbeispiel: Es ist ein Federteller von $d_a = 2\,r_a = 20$ cm Außendurchmesser zu entwerfen, der sich bei $Q = 20\,000$ kg um $f = 0{,}15$ cm durchbiegen soll, ohne daß die Spannung σ den Wert 15 000 kg/cm² übersteigt.

Nach Gl. (80) ist

$$s^3 = \alpha \frac{r_a^2}{f} Q = \alpha \frac{10^2}{0{,}15} 20\,000 = \alpha \cdot 13{,}31 \cdot 10^6.$$

Für ein probeweise angenommenes $d_i/d_a = 0{,}5$ ist nach Abb. 49 $\alpha = 0{,}298 \cdot 10^{-6}$, und mithin $s^3 = 3{,}98$ oder $s = 1{,}585$ cm. Man wird selbstverständlich das runde Maß $s = 1{,}6$ cm wählen. Mit $s^3 = 1{,}6^3 = 4{,}1$ errechnet sich nach obiger Gleichung der Wert $\alpha = 0{,}308 \cdot 10^{-6}$, dem nach Abb. 49 ein Durchmesserverhältnis $d_i/d_a = 0{,}47$ entspricht. Für $d_i/d_a = 0{,}47$ ist $\gamma = 1{,}425$, und daher nach Gl. (81)

$$\sigma = \frac{1{,}425 \cdot 20\,000}{1{,}6^2} = 11\,100 \text{ kg/cm}^2.$$

Als lichte Höhe wird man $h_0 = 0{,}5$ cm wählen. Die Feder läßt sich dann noch ohne Schaden ganz flach drücken, was die Fertigung erleichtert. Zwar ergibt sich mit $f = h_0 = 0{,}5$ cm nach Gl. (80) rechnerisch eine Spannung von 37 000 kg/cm². Dabei handelt es sich aber selbstverständlich nur um eine *scheinbare* Spannung. Die wirkliche Spannung liegt infolge nützlicher Eigenspannungen, welche der Teller durch starkes „Setzen" bei der Fertigung erhält, viel niedriger (vgl. die Ausführungen auf S. 73, die grundsätzlich für alle Federarten gelten). Daher hat die Spannungsberechnung bei Tellerfedern im wesentlichen auch nur den Wert, Vergleiche zu ermöglichen.

Die Genauigkeit der Ergebnisse nach den Gl. (80), (81) und (82) reicht im allgemeinen aus, wenn es sich um schwere Federteller handelt, die fast immer aus groben und daher mit großen Abmaßen gewalzten Blechen hergestellt werden. Die folgende genauere Rechnung nach den Gl. (78) und (79) verlohnt sich eigentlich nur bei leichten oder auf richtige Dicke bearbeiteten Tellern. Mit $h_0 = 0{,}5$ cm und $\alpha = 0{,}308 \cdot 10^{-6}$ ist nach G. (78)

$$Q = \frac{0{,}15 \cdot 1{,}6}{0{,}308 \cdot 10^{-6} \cdot 10^2}\left[(0{,}5 - 0{,}15)(0{,}5 - 0{,}075) + 1{,}6^2\right] = 21\,100 \text{ kg},$$

also etwas zu viel. Um $Q = 20\,000$ kg zu erreichen, muß man $\alpha = 0{,}326 \cdot 10^{-6}$ entsprechend $d_i/d_a = 0{,}4$ wählen. Der Innendurchmesser muß also $0{,}4 \cdot 20 = 8$ cm betragen. Mit $\beta = 1{,}33$ und $\gamma = 1{,}57$ für $d_i/d_a = 0{,}4$ ist nach Gl. (79)

$$\sigma = \frac{0{,}15}{0{,}326 \cdot 10^{-6} \cdot 10^2}\left[1{,}33\,(0{,}5 - 0{,}075) + 1{,}57 \cdot 1{,}6\right] = 14\,200 \text{ kg/cm}^2.$$

III. Die gewundenen Biegefedern.

Gewundene Biegungsfedern sind Stäbe von meist kreisförmigem oder rechteckigem Querschnitt, deren Mittellinie nach irgendeiner räumlichen oder ebenen Kurve gekrümmt ist. Der Stabquerschnitt ist fast ausnahmslos über die ganze Federlänge hin unveränderlich. Das Federende A ist an der durch O gehenden Federspindel oder am Ende eines mit der Spindel fest verbundenen Armes $OA = r_0$ (Abb. 50) eingespannt; das Federende B ist in dem unveränderlichen Abstand $OB = r_l$ ebenfalls fest eingespannt (Abb. 50) oder drehbar befestigt. Wird auf die Spindel das Drehmoment M_d ausgeübt, so dreht sie sich gegen den Biegungswiderstand der Feder um den Winkel φ.

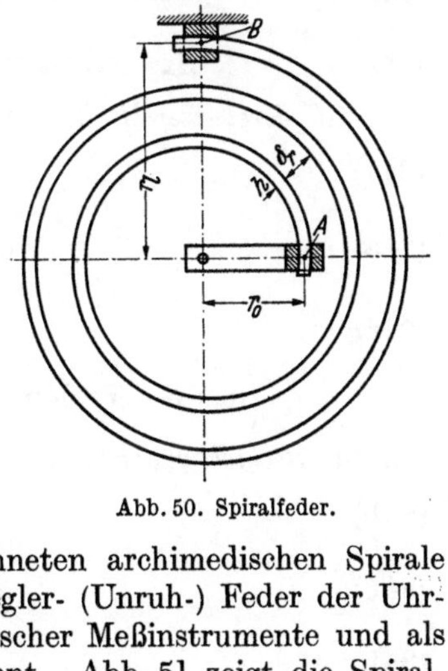

Abb. 50. Spiralfeder.

Die überwiegend verwendete Form der nach einer Raumkurve gekrümmten Biegungsfeder ist die zylindrische Schraubenfeder. Die ebenen Biegungsfedern erhalten meistens die Gestalt der durch gleichen Windungsabstand gekennzeichneten archimedischen Spirale (s. Abb. 50). Die Spiralfeder ist als Trieb- und Regler- (Unruh-) Feder der Uhrwerke, als Rückstellfeder des Zeigerwerkes elektrischer Meßinstrumente und als Ausgleichfeder bei Rollvorhängen allgemein bekannt. Abb. 51 zeigt die Spiralfederanordnung einer großen nachgiebigen Drehkupplung, die ein Drehmoment von 5000 mkg zu übertragen vermag. Sie besteht aus zwei ineinanderliegenden Spiralen, deren Anfänge um 180° versetzt sind. Die Spiralen sind durch Sägeschnitte von 2 mm Breite aus einer 120 mm dicken Stahlscheibe herausgeschnitten.

Auf Biegung beanspruchte zylindrische Schraubenfedern finden bei zahlreichen Gebrauchsgegenständen, z. B. als Scharnierfedern, neuerdings auch als Ventilfedern raschlaufender Verbrennungsmaschinen und vereinzelt zur Abfederung von Fahrzeugen Verwendung. Bei Schiffschronometern dienen sie als Unruhfeder.

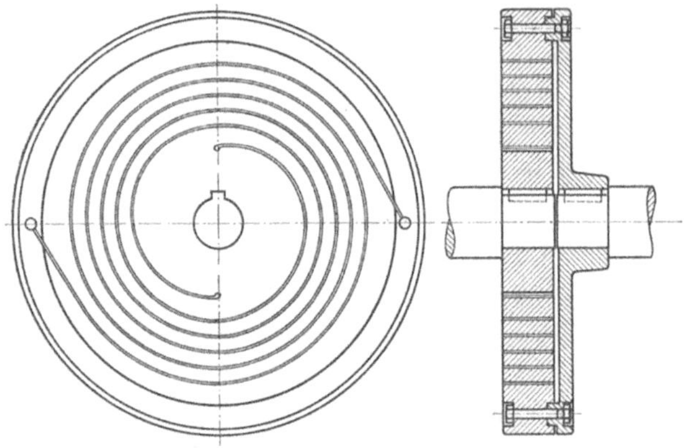

Abb. 51. Nachgiebige Drehkupplung mit zwei ineinandergreifenden Spiralfedern.

Die Theorie der gewundenen Biegungsfedern ist in dem Buch von Grosz und Lehr, „Die Federn" eingehend behandelt. Hier kann für ihre Berechnung nur ein gutes, für fast alle technischen Zwecke ausreichendes Näherungsverfahren angegeben werden.

13. Die Spiralfeder. *a) Das äußere Ende B der Feder ist fest eingespannt.*

Bezeichnet l die Länge des gewundenen Federstabes- oder Blattes in abgewickeltem Zustand, J das Flächenträgheitsmoment und W das Widerstandsmoment seines Querschnittes, beide bezogen auf die zur Federspindel parallele Schwerachse des Querschnittes, so ist

(83) die Biegespannung $\sigma = \frac{M_d}{W}$,

(84) der Drehwinkel $\varphi = \frac{l}{JE} M_d = \frac{l}{E} \frac{W}{J} \sigma$,

(85) das Arbeitsvermögen $A = \frac{1}{2} M_d \varphi = \frac{1}{2} \frac{l}{E} \frac{W^2}{J} \sigma^2$,

oder für *Kreisquerschnitt* vom Durchmesser d

(83a) $\sigma = \frac{10{,}18}{d^3} M_d$;

(84a) $\varphi = \frac{20{,}36}{E} \frac{l}{d^4} M_d = \frac{2\,l}{E\,d} \sigma$;

(85a) $A = \frac{1}{8} \frac{V}{E} \sigma^2$

$\left(\text{das Federvolumen ist } V = \frac{\pi d^2}{4} l, \text{ die Kennzahl } k = \frac{1}{8}\right)$,

und für *Rechteckquerschnitt* $b \times h$ ($b \parallel$ Federspindel, $h \perp$ dazu, s. Abb. 50)

(83b) $\sigma = \frac{6}{b\,h^2} M_d$;

(84b) $\varphi = \frac{12\,l}{E\,b\,h^3} M_d = \frac{2\,l}{E\,h} \sigma$;

(85b) $A = \frac{1}{6} \frac{V}{E} \sigma^2$

(das Federvolumen ist $V = b\,h\,l$, die Kennzahl $k = \frac{1}{6}$).

Bezeichnet δ_r den unveränderlichen Windungsabstand, $a = \frac{d + \delta_r}{2\pi}$ für Kreisquerschnitt und $a = \frac{h + \delta_r}{2\pi}$ für Rechteckquerschnitt eine Hilfsgröße und n die Windungszahl, so ist

$$(86) \qquad l = \frac{r_l^2 - r_o^2}{2a};$$

$$(87) \qquad r_l = r_o + 2\pi n a.$$

b) *Das äußere Ende B der Feder ist drehbar befestigt.*

(88) Größtes Biegemoment $M_{max} = \left(1 + \frac{r_l - a\pi}{r_l}\right) M_d$,

(89) Größte Normalspannung $\sigma = \left(\frac{M_{max}}{W} \mp \frac{1}{r_l F}\right) M_d$,

$$(90) \quad \begin{cases} \text{Drehwinkel } \varphi = \frac{M_d}{JE}\left\{\frac{1}{8 r_l^2 a}\left[r_l^4 - r_o^4 - 2a\left(\sin^2\frac{r_l}{a} - \cos^2\frac{r_o}{a}\right)\right.\right. \\ \left.\left. \times \left(r_l^3 \sin\frac{2 r_l}{a} - r_o^3 \sin\frac{2 r_o}{a}\right)\right] + l\right\}. \end{cases}$$

In diesen Formeln ist zu setzen für Kreisquerschnitt:

$$J = \frac{\pi d^4}{64}; \quad W = \frac{\pi d^3}{32}; \quad F = \frac{\pi d^2}{4},$$

für Rechteckquerschnitt:

$$J = \frac{b h^3}{12}; \quad W = \frac{b h^2}{6}; \quad F = b h.$$

In Gl. (89) gilt das Minuszeichen, wenn die Feder — wie meist üblich und auch empfehlenswert — durch M_d *zusammengedreht* wird, dagegen das Pluszeichen, wenn M_d die Feder *aufdreht*. Die Berechnung von l und r_l kann wieder nach den Gl. (86) und (87) erfolgen.

Zahlenbeispiel: Es ist eine Spiralfeder aus Stahl mit Rechteckquerschnitt zu entwerfen, die sich bei $M_d = 1650$ cmkg um $\varphi = 17{,}5°$ verdreht. Das innere Ende A der Feder soll an einem Arm $r_o = 3$ cm, das äußere Ende in einem noch zu bestimmenden Abstand r_l vom Wellenmittel ebenfalls fest eingespannt werden. Die Biegespannung darf etwa 5000 kg/cm² betragen.

Nach Gl. (83b) ist für ein gewähltes $h = 1$ cm und $b = 2$ cm $\sigma = \frac{6}{2 \cdot 1^2} 1650 = 4950$ kg/cm². Mit $E = 2{,}15 \cdot 10^6$ kg/cm² und $\varphi = 0{,}305$ im Bogenmaß ergibt sich aus Gl. (84b) die notwendige Federlänge

$$l = \frac{E h \varphi}{2\sigma} = \frac{2{,}15 \cdot 10^6 \cdot 1 \cdot 0{,}305}{2 \cdot 4950} = 66{,}3 \text{ cm}.$$

Wird als Windungsabstand $\delta_r = 0{,}5$ cm gewählt, so ist mit $a = \frac{1 + 0{,}5}{2\pi} = 0{,}239$ der Abstand r_l des äußeren Federendes B vom Wellenmittel nach Gl. (86)

$$r_l^2 = r_o^2 + 2al = 3^2 + 2 \cdot 0{,}239 \cdot 66{,}3 = 40{,}6 \text{ und } r_l = 6{,}375 \text{ cm}.$$

Die Windungszahl n ergibt sich nach Gl. (87) zu

$$n = \frac{r_l - r_o}{2\pi a} = \frac{6{,}375 - 3{,}0}{2\pi \cdot 0{,}239} = 2\tfrac{1}{4}.$$

Um den Einfluß der Art der Einspannung des äußeren Federendes B nachzuprüfen, soll jetzt untersucht werden, wie sich die Eigenschaften der eben ermittelten Feder ändern, wenn die Befestigung des äußeren Federendes drehbar gemacht wird.

Mit $W = \frac{b\,h^2}{6} = \frac{2 \cdot 1^2}{6} = 0{,}333\ \text{cm}^3$, $J = \frac{b\,h^3}{12} = \frac{2 \cdot 1^3}{12} = 0{,}1666\ \text{cm}^4$ und $F = b\,h = 2 \cdot 1 = 2\ \text{cm}^2$ ist

$$\text{nach Gl. (88)}\quad M_{max} = \left(1 + \frac{6{,}375 - 0{,}239\,\pi}{6{,}375}\right) M_d = 1{,}882\, M_d$$

$$\text{und nach Gl. (89)}\quad \sigma = \left(\frac{1{,}882}{0{,}333} - \frac{1}{6{,}375 \cdot 2}\right) 1650 = 9200\ \text{kg/cm}^2.$$

Wegen $\sin \frac{2\,r_l}{a} = \sin 53{,}4 = \sin 17\,\pi = 0$ und $\sin \frac{2\,r_0}{a} = \sin 25{,}1 = \sin 8\,\pi = 0$ vereinfacht sich Gl. (90) in

$$\varphi = \frac{M_d}{J\,E}\left\{\frac{1}{8\,r_l^2\,a}\,[r_l^4 - r_0^4] + l\right\}$$

$$= \frac{1650}{0{,}1666 \cdot 2{,}15 \cdot 10^6}\left\{\frac{1}{8 \cdot 6{,}375^2 \cdot 0{,}239}\,[6{,}375^4 - 3^4] + 66{,}3\right\}$$

$$= 0{,}398 \cong 22^\circ\, 50'.$$

Der Drehwinkel hat sich also um etwa 30% vergrößert, aber die Spannung ist um 86% gestiegen. Schreibt man Gl. (89) $\sigma = 5{,}56\,M_d$ oder $M_d = 0{,}18\,\sigma$ und Gl. (90) $\varphi = 0{,}242 \cdot 10^{-3}\,M_d$, so ergibt sich das Arbeitsvermögen zu

$$A = \tfrac{1}{2}\,M_d\,\varphi = \tfrac{1}{2}\,M_d \cdot 0{,}242 \cdot 10^{-3}\,M_d = 0{,}121 \cdot 10^{-3}\,M_d^2 = 0{,}121 \cdot 10^{-3} \cdot 0{,}18^2\,\sigma^2$$
$$= 3{,}92 \cdot 10^{-6}\,\sigma^2.$$

Dagegen ist das auf gleiche Spannung σ bezogene Arbeitsvermögen bei *fester* Einspannung nach Gl. (85b)

$$A = \frac{1}{6}\,\frac{2 \cdot 66{,}3}{2{,}15 \cdot 10^6}\,\sigma^2 = 10{,}25 \cdot 10^{-6}\,\sigma^2,$$

also um 161% größer. So stark überlegen, wie es nach dieser Vergleichsrechnung erscheint, ist allerdings die feste Einspannung nicht, da die Gl. (83), die doch nur eine Näherungsformel darstellt, eine zu kleine Biegespannung vortäuscht, während Gl. (89) einen mit dem Ergebnis der genaueren Rechnung sehr viel besser übereinstimmenden Wert liefert. Immerhin ist die Überlegenheit der festen Einspannung so groß, daß sie stets angestrebt werden sollte. Sie zu verwirklichen, ist allerdings nicht immer ganz leicht, wenn man nicht gerade zu der unbedingt sicheren, aber kostspieligen Gestaltung nach Abb. 51 greift. Jedenfalls läßt sich mancher Widerspruch zwischen errechneten und gemessenen Drehwinkeln durch unzureichende Einspannung erklären.

Die Formeln gelten eigentlich nur für ganz kleine Drehwinkel. Bei größeren Drehwinkeln verformt sich die Feder schon so sehr, daß die für ihre ursprüngliche Form entwickelten Gleichungen nicht mehr streng richtig sind. Anderseits hängt φ so überwiegend von der durch die Gestaltänderung nicht beeinflußten Federlänge l ab, daß erfahrungsgemäß zum mindesten die Gleichungen für φ auch bei größeren Drehwinkeln Ergebnisse liefern, deren Genauigkeit für die meisten technischen Zwecke ausreicht.

Starke Abweichungen von den errechneten Werten zeigen sich selbstverständlich dann, wenn Spiralfedern so stark verdreht werden, daß sich ihre Windungen berühren und mit Reibung aufeinander gleiten. Dies ist z. B. bei den Triebfedern der Uhren und Sprechmaschinen der Fall. Bei diesen Federn liegen auch noch insofern ganz besondere Verhältnisse vor, als ihre Windungen in abgelaufenem Zustande dicht aufeinander mit Vorspannung an der Innenwand des die Feder umschließenden Gehäuses (des Federhauses) liegen und umgekehrt in aufgezogenem Zustand das auf der Federspindel befestigte zylindrische Spannstück (den Federkern) in dichter Schichtung umschließen. Bei Beginn des Aufziehens werden zunächst nur die inneren, einander nicht berührenden Windungen verformt, während die äußeren infolge der zwischen ihnen herrschenden Spannung und Reibung noch in Ruhe bleiben. Es arbeitet also anfangs nur ein Teil der Feder, und das zum Aufziehen erforderliche Drehmoment wächst infolgedessen rascher als bei völlig freier Feder. Im weiteren Verlauf des Aufziehens lösen sich immer mehr Windungen von der Wand des Federhauses, bis schließlich alle Windungen arbeiten. Dieser Zustand hält aber nicht lange an, denn bei weiterer Drehung der Federspindel fangen die inneren Windungen sehr bald an, sich auf den Federkern zu wickeln und auszuschalten. Es darf daher nicht wundernehmen, daß die für die freie Felder entwickelten Formeln hier keine Gültigkeit mehr besitzen, und daß die M_d—φ-Linie nicht geradlinig, sondern etwa S-förmig verläuft. Wegen Angaben über die Berechnung derartiger Federn sei insbesondere auf das Sonderschrifttum[1] verwiesen. Dort sind auch die Maßnahmen beschrieben, durch die es gelingt, den Schwerpunkt der Unruhfedern unabhängig vom Drehwinkel stets auf der Unruhachse zu halten und Lagerkräfte zu vermeiden.

14. Die zylindrische Schraubenfeder. Für diese Federn kommt im wesentlichen feste Einspannung beider Federenden in Betracht. Zwar werden sie häufig einseitig oder gar beiderseitig drehbar befestigt; dann legen sie sich aber mit ihren Endwindungen auf den in solchen Fällen stets vorhandenen Mittelbolzen auf, und es stellt sich ein Zustand ein, der dem der festen Einspannung zwar ähnelt, aber nicht so günstig ist.

Für die Berechnung gelten die Gl. (83), (84) und (85). Für die üblichen kleinen Steigungswinkel ist die Länge der aus i Windungen bestehenden Feder mit dem mittleren Windungshalbmesser r (s. Abb. 53 und 55) $l = 2\pi i r$.

Zahlenbeispiel: Eine beiderseitig eingespannte Schraubenfeder aus Rundstahl von $d = 0{,}4$ cm Durchmesser hat den mittleren Windungshalbmesser $r = 4$ cm und besteht aus $i = 2$ Windungen. Wie groß ist ihre Verdrehung φ und ihre Belastungsfähigkeit M_d für $\sigma = 8000$ kg/cm²?

Mit $l = 2\pi \cdot 2 \cdot 4 = 50{,}3$ cm und $E = 2{,}15 \cdot 10^6$ kg/cm² ist nach Gl. (84a)

$$\varphi = \frac{2}{2{,}15 \cdot 10^6} \frac{50{,}3}{0{,}4} 8000 = 0{,}936 \equiv 53^\circ 40',$$

nach Gl. (83a)

$$M_d = \frac{d^3 \sigma}{10{,}18} = \frac{0{,}4^3 \cdot 8000}{10{,}18} = 50{,}4 \text{ cmkg}.$$

Zweiter Teil.

Die Drehungsfedern.

I. Gerade Drehungsfedern.

15. Die Drehstabfeder. Wird auf das freie Ende eines einseitig eingespannten elastischen Stabes von beliebigem, aber über die ganze Stablänge l hin gleichem Querschnitt das Drehmoment $Pr = M_d$ ausgeübt, so verdreht sich das freie Ende gegenüber dem eingespannten um den Winkel ψ (s. Abb. 52), und zwar ist im Bogenmaß

$$\psi = \frac{l\, M_d}{k_i G}. \tag{1}$$

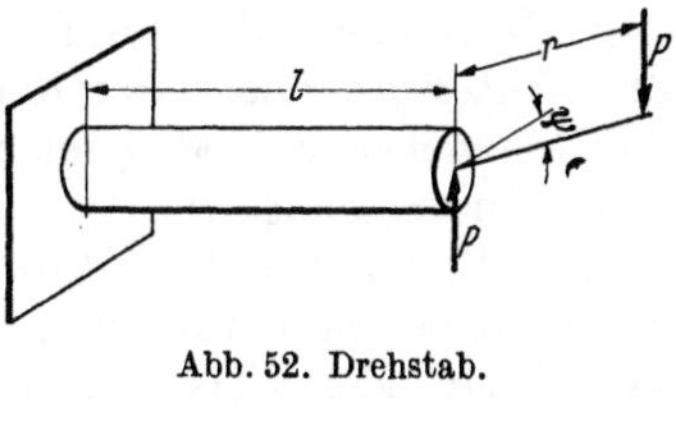

Abb. 52. Drehstab.

$k_i \cdot G$ heißt die *Drehsteifigkeit* des Stabes; die Größe k_i hängt von den Abmessungen und der Gestalt des Stabquerschnittes ab, während das Gleitmaß G eine Werkstoffkonstante ist. Durch M_d werden in dem Stab *Drehspannungen* hervorgerufen, die im Schwerpunkt des Querschnittes gleich Null sind und gegen die Querschnittsränder hin wachsen. Die

[1] SANDER, W.: Uhrenlehre, Leipzig 1923 und VAN DEN BROEK: Spiral-Springs. Transact. Amer. Soc. Mech. Eng. Vol. 53 (1931).

für die Berechnung allein maßgebende *größte Randspannung* τ_R ist durch die Formel

$$\tau_R = \frac{M_d}{k_w} \tag{2}$$

gegeben, in der k_w wieder von den Abmessungen und der Gestalt des Querschnittes abhängt. Bei kreisförmigem Querschnitt wächst die Drehspannung von der Kreismitte aus *geradlinig* auf den an allen Stellen des Kreisumfanges gleichgroßen Wert τ_R.

Drehstäbe finden in Drehkraftmessern, nachgiebigen Kupplungen und im Kraftwagenbau zur Federung der Räder Verwendung. Sie werden fast ausschließlich mit Kreisquerschnitt ausgeführt, da diese Querschnittsform es gestattet, die Staboberfläche billig zu schleifen und zu polieren und dadurch die Dauerfestigkeit zu steigern (vgl. S. 5). Für *Kreisquerschnitt* ist nach Gl. (1) und (2) mit $k_i = \frac{\pi d^4}{32}$ und $k_w = \frac{\pi d^3}{16}$

$$\tau_R = \frac{16}{\pi} \frac{M_d}{d^3} = 5{,}093 \frac{M_d}{d^3}\,; \tag{3}$$

$$\psi = \frac{32}{\pi} \frac{l\,M_d}{d^4 G} = 10{,}186 \frac{l\,M_d}{d^4 G} = \frac{2\,l}{d\,G} \tau_R\,, \tag{4}$$

$$A = \frac{M_d \psi}{2} = \frac{\pi d^2}{16} \frac{l}{G} \tau_R^2 \tag{5}$$

oder mit

$$V = \frac{\pi d^2}{4} l$$

$$A = \frac{1}{4} \frac{V}{G} \tau_R^2\,. \tag{5a}$$

Die Kennzahl $k = {}^1/_4$ ist sehr groß und wird auch von den günstigsten Biegefedern ($k = {}^1/_6$) nicht erreicht. Die Überlegenheit tritt aber noch viel stärker in Erscheinung, wenn man außer k auch die Werkstoffeigenschaften, die in E und G zum Ausdruck kommen, in die Betrachtung einbezieht. Für gehärteten Federstahl mit $E = 2{,}15 \cdot 10^6$ kg/cm² und $G = 0{,}83 \cdot 10^6$ kg/cm² ist bei den günstigsten Biegefedern $\frac{k}{E} = \frac{1}{6 \cdot 2{,}15 \cdot 10^6} = 0{,}0775 \cdot 10^{-6}$ cm²/kg, bei der Drehstabfeder mit Kreisquerschnitt aber $\frac{k}{E} = \frac{1}{4 \cdot 0{,}83 \cdot 10^6} = 0{,}315 \cdot 10^{-6}$ cm²/kg. Diese Drehstabfeder nutzt also den Werkstoff mehr als viermal so gut aus. Sie bleibt den Biegefedern auch dann noch reichlich überlegen, wenn man berücksichtigt, daß die zulässigen ruhenden, vor allem aber die wechselnden Drehspannungen nicht so groß sind wie die zulässigen Biegespannungen (vgl. Abb. 3 und 4).

Die Kennlinie der Drehstabfeder, d. h. die Abhängigkeit des Drehwinkels ψ von M_d ist nach Gl. (1) und (4) eine Gerade. Aus denselben Gleichungen läßt sich die *Einheitsfederung* oder der *Einheitswinkel* $C = \psi / M_d$ und der Kehrwert, das *Einheitsmoment* $c = M_d / \psi$ leicht bilden. Die Drehstabfeder arbeitet selbstverständlich völlig reibungsfrei.

Die Enden der Drehstabfedern erfahren durch die Einspannung zusätzliche Spannungen; sie werden daher zweckmäßig mit dickeren Köpfen versehen. Üblich sind Rund- oder Vielkantköpfe; den Vorteil feiner Einstellbarkeit bieten mit einer Art Verzahnung versehene Rundköpfe. Der dem Vielkant oder der Verzahnung eingeschriebene Kreis soll etwa den Durchmesser 1,5 d erhalten. Der Übergang des Stabes in die Köpfe muß gut ausgerundet und ebenso sorgfältig bearbeitet werden wie der Stab selbst. Sofern Drehstabfedern nicht in Öl oder Fett gebettet werden können, empfiehlt sich ein Anstrich mit einem elastischen Rostschutzlack.

Zahlenbeispiel: Es ist eine nur in einem Drehsinn betätigte, aber Wechselbeanspruchungen unterworfene Drehstabfeder aus Rundstahl zu entwerfen, die bei $M_d = 1350$ cmkg eine Verdrehung von 25° hergibt, ohne daß die Randspannung 3000 kg/cm² übersteigt.

Nach Gl. (3) ist

$$d^3 = 5{,}093\,\frac{M_d}{\tau_R} = 5{,}093\,\frac{1350}{3000} = 2{,}29\ \text{cm}^3.$$

Dieser Bedingung genügt ein Stabdurchmesser $d = 1{,}32$ cm ($1{,}32^3 = 2{,}3$ cm³). Entsprechend der geforderten Federung

$$\psi = 25° \equiv 25 \cdot 0{,}01745 = 0{,}436$$

muß der Stab mit $G = 830\,000$ kg/cm² (Stahl) nach Gl. (4) die wirksame Länge

$$l = \frac{d^4 G \psi}{10{,}186\, M_d} = \frac{3{,}04 \cdot 830\,000 \cdot 0{,}436}{10{,}186 \cdot 1350} = 80\ \text{cm}$$

erhalten. Falls die Stabenden als Sechskantköpfe ausgeführt werden, wird zweckmäßig eine Schlüsselweite $d' = 1{,}5\,d = 1{,}5 \cdot 1{,}32 \approx 2{,}0$ cm gewählt. Die Übergänge vom Kopf in den Schaft erhalten einen Kehlhalbmesser $\varrho = 2\,d \approx 2{,}6$ cm.

II. Gewundene Drehungsfedern.

16. Ausführungsformen und Querschnitte. Gewundene Drehungsfedern sind aus einem Stab beliebigen Querschnittes in Gestalt eines Umdrehungskörpers gewickelte Federn, auf die eine in der Achse des Umdrehungskörpers (Federachse) wirksame Druck- oder Zugkraft P ausgeübt wird. Ihre Querschnitte sind demgemäß vorwiegend einer Drehbeanspruchung unterworfen. Je nach der Gestalt des Umdrehungskörpers sind zu unterscheiden

1. Zylindrische Schraubenfedern (Abb. 53 und 55).
2. Kegel- und Kegelstumpffedern (Abb. 54 und 56).
3. Doppelkegelstumpffedern, gebauchte (Tonnenfedern) und eingeschnürte Federn (Matratzenfedern).

Von einer besonderen Behandlung der unter 3. genannten Federn kann abgesehen werden, da sie in der Technik nur selten Anwendung finden, und da ihre Berechnung sich auf die der Kegelstumpffedern zurückführen läßt.

Die Federn haben unveränderlichen oder veränderlichen Steigungswinkel. Unter dem Steigungswinkel ist der Winkel α (Abb. 53) zu verstehen, den die Schmiegungsebene mit einer zur Federachse senkrechten Ebene einschließt. Vor allem bei Fe-

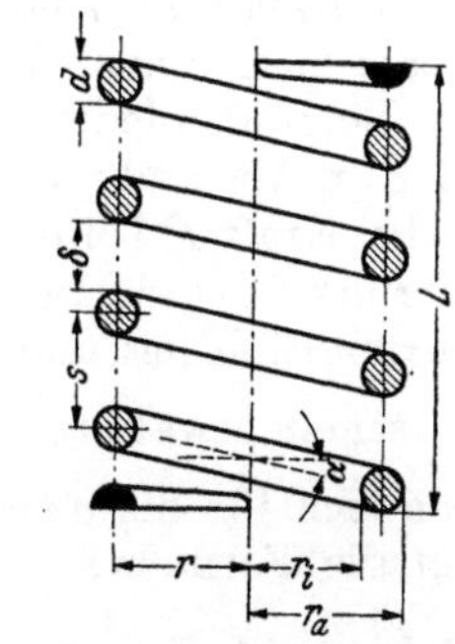

Abb. 53. Zylindrische Schraubenfeder mit Kreisquerschnitt.

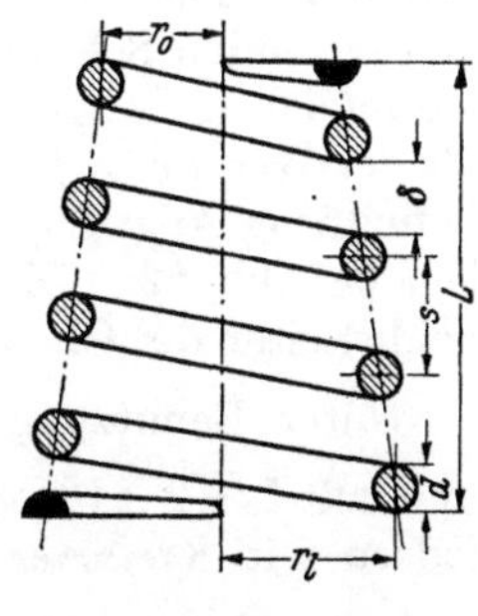

Abb. 54. Kegelstumpffeder mit Kreisquerschnitt.

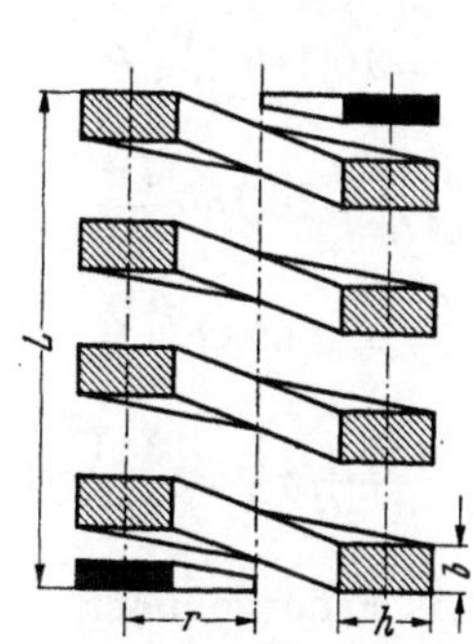

Abb. 55. Zylindrische Schraubenfeder mit Rechteckquerschnitt.

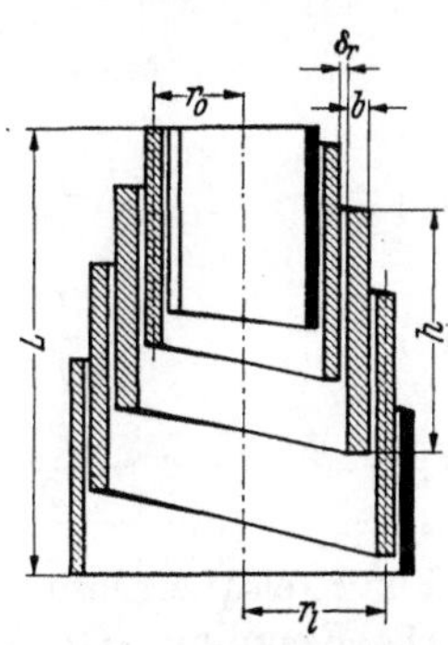

Abb. 56. Kegelstumpffeder mit Rechteckquerschnitt.

Abb. 53—56. Gewundene Drehungsfedern. r = mittlerer Windungshalbmesser, d = Durchmesser des Kreisquerschnittes, b = Schmalseite, h = Langseite des Rechteckquerschnittes, α = Steigungswinkel, s = Ganghöhe, δ = axialer, δ_r = radialer Windungsabstand, L = Federlänge.

dern mit veränderlichem Steigungswinkel ist häufig auch der Querschnitt veränderlich.

Als Querschnitt sind Kreis und Rechteck (insbesondere das Quadrat) am gebräuchlichsten. Sie werden auf dem europäischen Festlande fast ausschließlich benutzt. In England dagegen und in den Ländern, deren technische und wirtschaftliche Entwicklung überwiegend von England beeinflußt worden ist, ist außerdem immer noch eine beträchtliche Zahl anderer Querschnittsformen im Gebrauch die gegenüber Kreis und Rechteck zum mindesten keine Vorteile bieten und daher auch allmählich zu verschwinden scheinen. Daher brauchen hier nur Federn mit kreisförmigem oder rechteckigem Querschnitt behandelt werden.

A. Zylindrische Schraubenfedern.

17. Zylindrische Schraubenfedern mit Kreisquerschnitt. *Angenäherte Berechnung.* Die *genäherte* Berechnung macht die vereinfachende Annahme, daß der zur Feder gewundene Stab *nur* auf Drehung beansprucht wird. Auch läßt sie außer Betracht, daß der Stab, der verdreht wird, nach dem mittleren Windungshalbmesser r gekrümmt ist. Damit ist aber die Aufgabe auf die Berechnung eines geraden einseitig eingespannten Drehstabes zurückgeführt, an dessen freiem Ende ein Kräftepaar $Pr = M_d$ angreift. Die Länge dieses Ersatzstabes ist gleich der Länge $l = 2\pi i r$ der aus i *wirksamen* Windungen bestehenden und abgewickelt zu denkenden Schraubenfeder zu nehmen. Dann ist die sich als Änderung der ursprünglichen Länge L der Schraubenfeder äußernde Federung f nichts anderes als der Weg $r\psi = f$, den der im Abstand r von der Mitte des geraden Ersatzstabes befindliche Angriffspunkt der Kraft P bei der Drehung um den Winkel ψ zurücklegt (s. Abb. 52). Die Federung f der Schraubenfeder erhält man also, wenn man beide Seiten der Gl. (1) mit r multipliziert und für M_d Pr einsetzt.

Unter Benutzung der schon erwähnten Ausdrücke $k_w = \frac{\pi d^3}{16}$ und $k_t = \frac{\pi d^4}{32}$ und mit $l = 2\pi i r$ ergeben sich für die *angenäherte* Berechnung der Schraubenfedern mit *Kreisquerschnitt* die Formeln:

$$\tau_R = \frac{16}{\pi}\frac{r}{d^3}P = 5{,}093\,\frac{r}{d^3}P\,, \tag{6}$$

$$f = 64\,\frac{i r^3}{d^4 G}P = 10{,}186\,\frac{l r^2}{d^4 G}P = 4\pi\,\frac{2 r^2}{d G}\tau_R = 2\,\frac{l r}{d G}\tau_R\,, \tag{7}$$

$$C = \frac{f}{P} = 64\,\frac{i r^3}{d^4 G} = 10{,}186\,\frac{l r^2}{d^4 G}, \tag{8}$$

$$c = \frac{P}{f} = \frac{d^4 G}{64\, i r^3} = 0{,}0983\,\frac{d^4 G}{l r^2}, \tag{9}$$

$$A = \frac{P f}{2} = \frac{1}{4}\,\frac{\pi d^2}{4}\,\frac{l}{G}\tau_R^2 = \frac{1}{4}\,\frac{V}{G}\tau_R^2\,. \tag{10}$$

Für Kreisquerschnitt ist das Federvolumen $V = \frac{\pi d^2}{4} l$ und die Kennzahl $k = \frac{1}{4}$. Die Kennlinie (Gl. (7)) ist eine Gerade.

1. Zahlenbeispiel. Eine zylindrische Schraubenfeder aus Stahl mit Kreisquerschnitt von $d = 2$ cm besitze $i = 7$ wirksame Windungen von $r = 5$ cm mittlerem Windungshalbmesser und werde durch eine Druckkraft $P = 2200$ kg belastet. Die Feder erfährt gemäß Gl. (6) eine Drehspannung

$$\tau_R = 5{,}093\,\frac{5}{8}\,2200 = 7000 \text{ kg/cm}^2.$$

Mit dem für gehärteten Federstahl geltenden Gleitmaß $G = 830\,000$ kg/cm² * und mit $l = 2\pi \cdot 7 \cdot 5 = 220$ cm ist die Federung, also die Verkürzung der Feder, nach Gl. (7)

$$f = 10{,}186 \frac{220 \cdot 25}{10 \cdot 830\,000} P = \frac{4{,}21}{1000} P = \frac{4{,}21}{1000} 2200 = 9{,}28 \text{ cm}.$$

Die Einheitsfederung ist $C = f/P = \frac{9{,}28}{2200} = 4{,}21$ cm/1000 kg, die Einheitskraft $c = P/f = 237{,}5$ kg/cm. Die Federarbeit ergibt sich nach Gl. (10) zu

$$A = \frac{Pf}{2} = \frac{2200 \cdot 9{,}28}{2} = 10\,200 \text{ cmkg} = 102 \text{ mkg}.$$

Da es — wie noch gezeigt werden wird — nicht ratsam ist, die Federlänge so zu bemessen, daß sich nach einer Verkürzung um $f = 9{,}28$ cm ihre Windungen bereits berühren würden, ist darauf zu achten, daß auch nach dieser Verkürzung noch ein gewisser, den unvermeidlichen Herstellungsungenauigkeiten und Abmaßen Rechnung tragender Spielraum zwischen den einzelnen Windungen verbleibt. Die Größe dieses Spielraums δ_{min} hängt von den Abmessungen der Feder ab, sollte aber auch bei kleinsten Federn 0,5 mm möglichst nicht unterschreiten. Im allgemeinen sind $\delta_{min} = 0{,}1\, d$, im vorliegenden Falle also 0,2 cm angemessen. Wenn, wie meist üblich, an jedem Ende 3/4 tote und sich verjüngende Windungen vorgesehen werden (Abb. 53) um eine ausreichende Auflagefläche der Federenden zu erzielen, beträgt die Länge einer *unbelasteten* Feder mit i wirksamen Windungen

$$L_0 = (i + 1)\, d + i\, \delta_0.$$

Mit dem Spielraum δ_0 in unbelastetem Zustand ist

$$i\, \delta_0 = f + i\, \delta_{min}.$$

Im vorliegenden Fall wird also die Feder zweckmäßig mit der Länge

$$L_0 = (7 + 1) \cdot 2 + 9{,}28 + 7 \cdot 0{,}2 = 26{,}68 \approx 26{,}7 \text{ cm}$$

ausgeführt. Wenn diese Feder, etwa bei der Prüfung, völlig zusammengedrückt wird, beträgt die erforderliche Kraft, da die Gesamtfederung jetzt $f + i\, \delta_{min} = 9{,}28 + 7 \cdot 0{,}2 = 10{,}68$ cm groß ist, $2200 \cdot \frac{10{,}68}{9{,}28} = 2530$ kg und die zugehörige Drehspannung $7000\, \frac{10{,}68}{9{,}28} = 8050$ kg/cm².

Es sei darauf hingewiesen, daß diese letzten Rechnungswerte praktisch nur von sehr bedingtem Wert sind. Sie setzen nämlich voraus, daß sich sämtliche Windungen der Feder genau gleichzeitig berühren. Das ist aber zum mindesten bei größeren Federn wegen der unvermeidlichen Herstellungsungenauigkeiten in Wirklichkeit nie der Fall; vielmehr ist stets damit zu rechnen, daß einzelne Windungen bereits aufeinanderliegen, bevor die theoretisch mögliche Federung $f + i\, \delta_{min} = i\, \delta_0$ völlig erreicht ist. Das allerletzte Stück der Federung muß von einigen wenigen Windungen oder auch nur Windungsteilen bestritten werden; die Einheitsfederung wird kleiner, und um die Feder völlig zusammenzudrücken, ist eine wesentlich größere Kraft erforderlich, als die oben errechnete. Da die Kraft mit fortschreitender Berührung der Windungen immer steiler ansteigt, läßt sie sich nicht mit Sicherheit messen. Liegt die Größe der auf die Feder ausgeübten Höchstkraft fest, so wird die errechnete Federung nicht erreicht. Ist aber mit dem Auftreten von Kräften solcher Größe zu rechnen, daß die größtmögliche Federung erzwungen wird, dann können gefährliche Überbeanspruchungen auftreten, da mit der Kraft auch die Drehspannung τ_R in den zum Schluß noch arbeitenden Windungen oder Windungsteilen wächst. Aus diesen Gründen ist der erwähnte Mindestspielraum δ_{min} zwischen den Windungen vorzusehen und gegebenenfalls durch eine besondere Hubbegrenzung sicherzustellen.

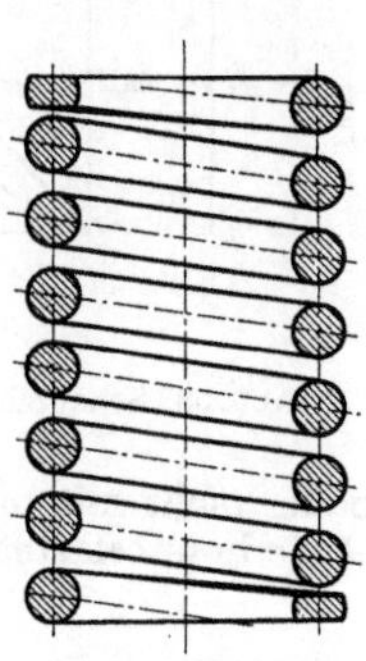

Abb. 57. Schraubenfedern mit ausgeschmiedeten Federenden.

Ergänzend sei bemerkt, daß die Verjüngung der toten Endwindungen bei allen schwereren Federn meistens nicht durch Abschleifen (s. Abb. 53), sondern durch Ausschmieden in angenähert rechteckigen Querschnitt abnehmender Höhe erzeugt wird (Abb. 57). Neben einer

* Es handelt sich hierbei um einen aus zahlreichen Messungen gewonnenen guten Durchschnittswert des Gleitmaßes. Es ist zwar zu beobachten, daß eine bleibende Verformung, wie sie jede Feder bei der Fertigung erfährt (s. S. 72), eine *zeitweilige* Verringerung des Elastizitäts- und Gleitmaßes bedingt, die je nach dem Grad der Verformung bis zu 5% des ursprünglichen Wertes betragen kann. Wie durch Versuche festgestellt ist, nähern sich aber E und G im Laufe der Zeit wieder ihren ursprünglichen Werten.

Werkstoffersparnis bieten ausgeschmiedete Enden den Vorteil einer festeren Lagerung der Federn.

2. Zahlenbeispiel. Es ist eine druckbeanspruchte Ventilfeder aus Stahl mit äußerstens 8,5 cm Außendurchmesser für eine Federkraft $P_1 = 130$ kg bei geschlossenem Ventil und für $f_2 - f_1 = 1{,}4$ cm Hub zu entwerfen. Die Drehspannung τ_{2R} bei geöffnetem Ventil soll 2800 kg/cm² und die dem Hub entsprechende Beanspruchungsschwankung $\tau_{2R} - \tau_{1R} = 1400$ kg/cm² nicht übersteigen.

Als mittlerer Windungshalbmesser werde zunächst $r = 3{,}5$ cm angenommen. Mit $\tau_{1R} = \tau_{2R} - (\tau_{2R} - \tau_{1R}) = 2800 - 1400 = 1400$ kg/cm² errechnet sich aus Gl. (6)

$$d^3 = \frac{5\,093\, r\, P_1}{\tau_{1R}} = \frac{5\,093 \cdot 35 \cdot 130}{1400} = 1{,}652\,,$$

$$d = 1{,}182 \approx 1{,}2 \text{ cm}.$$

Gl. (7) lautet mit $f_2 - f_1$ statt f und $\tau_{2R} - \tau_{1R}$ statt τ_R

$$f_2 - f_1 = 4\,\pi \frac{i\, r^2}{d\, G} (\tau_{2R} - \tau_{1R}),$$

oder

$$\frac{i}{d} = \frac{G}{4\,\pi\, r^2}\, \frac{f_2 - f_1}{\tau_{2R} - \tau_{1R}} = \frac{830\,000}{4\,\pi \cdot 12{,}25}\, \frac{1{,}4}{1400} = 5{,}39.$$

Mit $d = 1{,}2$ cm muß die Feder demnach $i = 5{,}39 \cdot 1{,}2 = 6{,}47 \approx 6{,}5$ wirksame Windungen von der Gesamtlänge

$$l = 2\,\pi \cdot 6{,}5 \cdot 3{,}5 = 143 \text{ cm}$$

erhalten. Unter Benutzung dieser Werte nimmt Gl. (7) die Formen

$$f = 10{,}186\, \frac{143 \cdot 12{,}5 \cdot P}{2{,}074 \cdot 830\,000} = \frac{10{,}37}{1000}\, P,$$

$$f = 2\, \frac{143 \cdot 3{,}5 \cdot \tau_R}{1{,}2 \cdot 830\,000} = \frac{1{,}005}{1000}\, \tau_R$$

an und liefert $f_1 = 1{,}35$ cm, $f_2 = f_1 + (f_2 - f_1) = 1{,}35 + 1{,}4 = 2{,}75$ cm, $P_2 = 265$ kg, $\tau_{1R} = 1390$ kg/cm². Der Außendurchmesser der Feder beträgt $2\,r + d = 2 \cdot 3{,}5 + 1{,}2 = 8{,}2$ cm. Die gestellten Forderungen sind daher erfüllt.

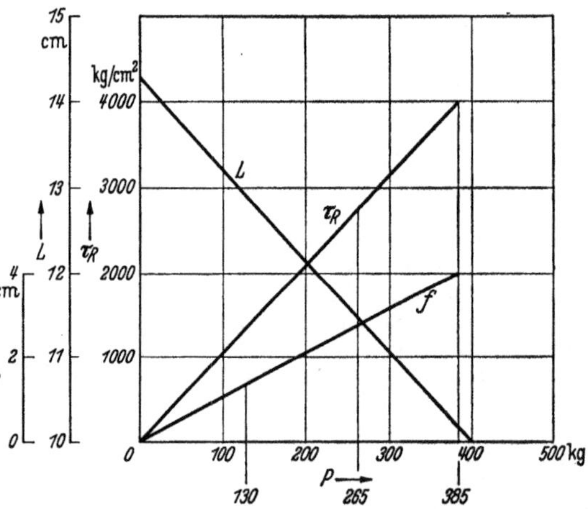

Abb. 58. Schaubild der Eigenschaften einer Ventilfeder.

Da bei Ventilfedern auf ein völlig einwandfreies Arbeiten größter Wert gelegt werden muß, werden sie zweckmäßig nicht mit nur 3/4, sondern mit 1/4 toten Windungen an jedem Ende versehen. Die Länge in unbelastetem Zustand ist dann

$$L_0 = (i + 2)\, d + i\, \delta_0 = (i + 2)\, d + f_2 + i\, \delta_{min}\,,$$

also im vorliegenden Falle mit einem vorsichtshalber besonders reichlich gewählten $\delta_{min} = 0{,}2$ cm

$$L_0 = (6{,}5 + 2)\, 1{,}2 + 2{,}75 + 6{,}5 \cdot 0{,}2 = 14{,}25 \text{ cm}.$$

Die gewonnenen Ergebnisse sind in der Tab. 4 zusammengestellt und in Abb. 58 in Abhängigkeit von P zeichnerisch wiedergegeben.

Tabelle 4.

	P kg	f cm	L cm	R kg/cm²
Feder unbelastet	0	0	14,25	0
Ventil geschlossen	130	1,35	12,9	1340
Ventil offen	265	2,75	11,5	2730
Feder völlig zusammengedrückt .	~ 385	~ 4,0	~ 10,25	~ 3980

In Wirklichkeit werden die erzielten Werte infolge der bereits erwähnten Herstellungsungenauigkeiten, der Abmaße und der Ungenauigkeit der Rechnung selbst gewisse Abweichungen von den errechneten zeigen. Hiervon wird vor allem die Abhängigkeit zwischen P und L betroffen, weniger diejenige zwischen P und f. Jedenfalls müssen dem Hersteller bestimmte, aus der Erfahrung gewonnene Spielräume für die Abmessungen und Federungen zubestanden werden.

Federsätze: Um den für die Ausbildung einer Feder zur Verfügung stehenden Außendurchmesser besser auszunutzen, lassen sich, sofern die Wahl des Innendurchmessers freisteht, mehrere Schraubenfedern ineinandersetzen (Abb. 59). Am zweckmäßigsten ist es selbstverständlich, die einzelnen Federn eines derartigen *Federsatzes* durch geeignete Wahl der Durchmesser d gleich hoch zu beanspruchen. Bezeichnen r_1, r_2, r_3 usw. die mittleren Windungshalbmesser, i_1, i_2, i_3 usw. die entsprechenden Windungszahlen und d_1, d_2, d_3 usw. die entsprechenden Durchmesser der einzelnen Federn, so folgt bei gleichem τ_R und f aus Gl. (7)

$$\frac{i_1 r_1^2}{d_1} = \frac{i_2 r_2^2}{d_2} = \frac{i_3 r_3^2}{d_3} = \ldots = \frac{i_n r_n^2}{d_n}.$$

Wird, wie ohne weiteres möglich,

$$i_1 d_1 = i_2 d_2 = i_3 d_3 = \ldots = i_n d_n$$

gemacht, so ergibt sich für gleiches τ_R die einfache Bedingung

$$(11) \qquad \frac{r_1}{d_1} = \frac{r_2}{d_2} = \frac{r_3}{d_3} = \ldots = \frac{r_n}{d_n}.$$

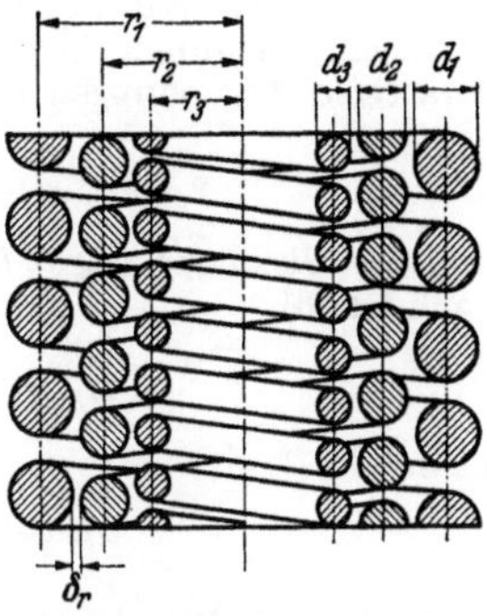

Abb. 59. Dreifacher Schraubenfedersatz.

Die Durchmesser d sind also den Windungshalbmessern r verhältnisgleich zu bemessen (Abb. 60). Die Federkraft P des ganzen Federsatzes ist gleich der Summe der Kräfte P_1, P_2, P_3 usw., also nach Gl. (6)

$$(12) \qquad P = P_1 + P_2 + P_3 + \ldots + P_n = 0{,}1963\, \tau_R \left(\frac{d_1^3}{r_1} + \frac{d_2^3}{r_2} + \frac{d_3^3}{r_3} + \ldots + \frac{d_n^3}{r_n}\right)$$

und die einzelnen Kräfte verhalten sich zueinander wie

$$\frac{d_1^3}{r_1} : \frac{d_2^3}{r_2} : \frac{d_3^3}{r_3} : \ldots$$

oder, wegen $r/d = \text{konst}$ nach Gl. (11), wie

$$d_1^2 : d_2^2 : d_3^2 \ldots$$

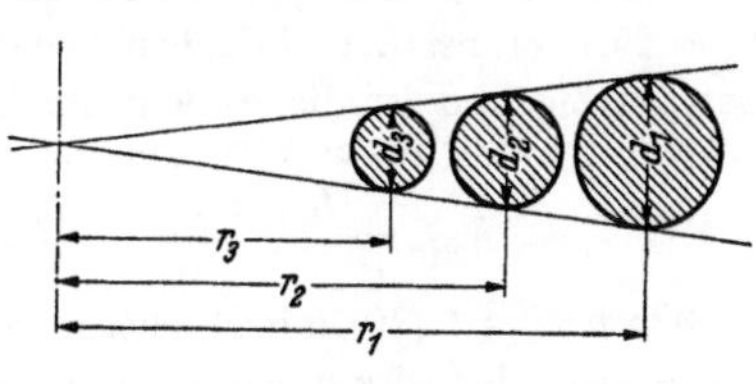

Abb. 60. Zur Berechnung der Schraubenfedersätze.

3. Zahlenbeispiel. Die Feder des auf S. 58 angegebenen ersten Beispiels ist durch einen zweifachen Federsatz zu ersetzen. Der Außenhalbmesser $r_a = r + d/2 = 5 + 1 = 6$ cm, $P = 2200$ kg, $f = 9{,}28$ cm und $\tau_R = 7000\ \text{kg/cm}^2$ sind beizubehalten; der Innenhalbmesser r_i dagegen soll keiner Beschränkung unterworfen sein.

Mit $r_1 = r_a - \frac{d_1}{2}$ und $r_2 = r_a - d_1 - \delta_r - \frac{d_2}{2}$ (δ_r ist nach Abb. 59 der aus Sicherheitsgründen gebotene radiale Spielraum zwischen den einzelnen Federn) geht Gl. (11) über in

$$\frac{r_a - \frac{d_1}{2}}{d_1} = \frac{r_a - \delta_r - d_1 - \frac{d_2}{2}}{d_2}.$$

Hieraus ergibt sich

$$d_2 = \frac{(r_a - \delta_r)\, d_1 - d_1^2}{r_a}.$$

Mit diesen Ausdrücken für r_1, r_2 und d_2 lautet Gl. (12)

$$\frac{d_1^3}{r_a - \frac{d_1}{2}} + \left[\frac{(r_a - \delta_r)\, d_1 - d_1^2}{r_a}\right]^3 \frac{1}{r_a - \delta_r - d_1 - \frac{(r_a - \delta_r)\, d_1 - d_1^2}{2\, r_a}} = 5{,}093 \frac{P}{\tau_R}$$

und geht nach geringer Umformung und Einsetzen der Zahlenwerte — für δ_r sind im vorliegenden Falle 0,3 cm angemessen — über in

$$d_1^3 \left[\frac{1}{r_a - \frac{d_1}{2}} + \frac{(r_a - \delta_r - d_1)^2}{r_a^3\left(1 - \frac{d_1}{2\, r_a}\right)}\right] = d_1^3 \left[\frac{1}{6 - \frac{d_1}{2}} + \frac{(5{,}7 - d_1)^2}{216\left(1 - \frac{d_1}{12}\right)}\right] = 1{,}6\,.$$

Diese Gleichung wird mit ausreichender Genauigkeit durch $d_1 = 1{,}79$ cm erfüllt. Dann ist $r_1 = 5{,}105$ cm, $d_2 = 1{,}165 \approx 1{,}17$ cm, $r_a = 3{,}325$ cm und $r_i = r_2 - d_2/2 = 3{,}325 - 0{,}585 = 2{,}74$ cm. In Wirklichkeit würde man die Federn zweckmäßig mit $d_1 = 1{,}8$ cm und $d_2 = 1{,}2$ cm ausführen, doch soll mit Rücksicht auf den hier durchzuführenden Vergleich von derartigen Abrundungen Abstand genommen werden. Das Verhältnis

$$\frac{P_1}{P_2} = \frac{d_1^2}{d_2^2} = 2{,}33$$

und die Gleichung $P_1 + P_2 = 2200$ kg liefern $P_1 = 1540$ kg und $P_2 = 660$ kg. Mithin ist nach Gl. (6)

$$\tau_{1R} = 5{,}093 \frac{r_1}{d_1^3} P_1 = 5{,}093 \frac{5{,}105}{5{,}735} 1540 = 6990 \text{ kg/cm}^2,$$

nach Gl. (7)

$$i_1 = \frac{d_1 G f}{4 \pi r_1^2 \tau_{1R}} = \frac{1{,}17 \cdot 830\,000 \cdot 9{,}28}{4 \pi \cdot 26{,}06 \cdot 6990} = 6{,}025,$$

und nach der Beziehung $i_1 d_1 = i_2 d_2$

$$i_2 = \frac{6{,}025 \cdot 1{,}79}{1{,}17} = 9{,}21\,.$$

Gl. (7) liefert

$$\tau_{2R} = \frac{d_2 G f}{4 \pi i_2 r_2^2} = \frac{1{,}17 \cdot 830\,000 \cdot 9{,}28}{4 \pi \cdot 9{,}21 \cdot 11{,}05} = 7050 \text{ kg/cm}^2\,.$$

Die Drehspannungen liegen also dem geforderten Wert von 7000 kg/cm² sehr nahe. Die in Richtung des Durchmessers erzielte bessere Raumausnutzung äußert sich in einer Verringerung der Baulänge L_0. Mit $\delta_{min} = 0{,}183$ cm ist nämlich für die Außenfeder $L_0 = 23{,}0$ cm gegenüber $L_0 = 26{,}7$ cm bei der einfachen Feder des auf S. 58 angegebenen ersten Beispiels. Im belasteten Zustand ist die Außenfeder $L = 23{,}0 - 9{,}28 = 13{,}72$ cm lang. Zwischen den Windungen der Innenfeder verbleibt der sehr reichliche Spielraum

$$\delta_{min} = \frac{L - (i_2 + 1)\, d_2}{i_2} = \frac{13{,}72 - (9{,}21 - 1)\, 1{,}17}{9{,}21} = 0{,}445 \text{ cm}.$$

Wie nach Gl. (10) mit Rücksicht auf $\tau_{1R} \approx \tau_{2R} \approx \tau_R$ nicht anders zu erwarten steht, ist das Gewicht der wirksamen Windungen mit 5,425 kg für den Federsatz ebenso groß wie für die Einzelfeder des ersten Beispiels.

Unter den auf *Zug* beanspruchten Schraubenfedern, kurz *Zug*federn genannt, nehmen die mit Vorspannung gewickelten Federn eine Sonderstellung ein. Wird beim Wickeln nicht einfach Windung neben Windung gelegt, sondern dem Federdraht, der bereits federhart sein muß, — es handelt sich lediglich um solchen von Kreisquerschnitt — zugleich eine Drehung um seine Achse aufgezwungen, so entsteht eine Feder, deren Windungen mit Spannung aneinanderliegen. Bei Belastung mit einer Zugkraft P beginnt die Feder sich erst dann zu verlängern, wenn die dieser Spannung entsprechende Vorspannkraft P_v überschritten wird. Der Vorteil derartiger Federn besteht in einer Verringerung der Baulänge um die der Kraft P_v entsprechende Federung. Zur Herstellung läßt sich nur Draht verwenden, der bereits vor dem Wickeln Federhärte besitzt. Die Größe der erzielbaren Vorspannkraft P_v hängt von der entsprechenden Spannung τ_{vR} ab. Die obere überhaupt erreichbare Grenze für τ_{vR} dürfte bei Verwendung hochwertigsten Stahles bei etwa 2000 kg/cm² liegen.

4. Zahlenbeispiel. Es ist eine Zugfeder mit $2\,r = 1{,}0$ cm und $d = 0{,}15$ cm zu entwerfen, die eine Vorspannkraft $P_v = 1{,}5$ kg aufweisen und bei der Endkraft $P_e = 5{,}5$ kg eine Verlängerung von etwa 2 cm erfahren soll. Nach Gl. (6) ist

$$\tau_R = 5{,}093 \frac{0{,}5}{0{,}003\,375} P = 754\,P,$$

also $\tau_{vR} = 754 \cdot 1{,}5 = 1130$ kg/cm² und $\tau_{eR} = 754 \cdot 5{,}5 = 4145$ kg/cm². Da dem Federkraftzuwachs $P_e - P_v = 5{,}5 - 1{,}5 = 4{,}0$ kg eine Verlängerung $f = 2$ cm entsprechen soll, muß die Zahl der wirksamen Windungen nach Gl. (7)

$$i = \frac{d^4 G}{64\,r^3} \frac{f}{P_e - P_v} = \frac{0{,}000\,506\,25 \cdot 830\,000}{64 \cdot 0{,}125} \frac{2}{4} = 26{,}25$$

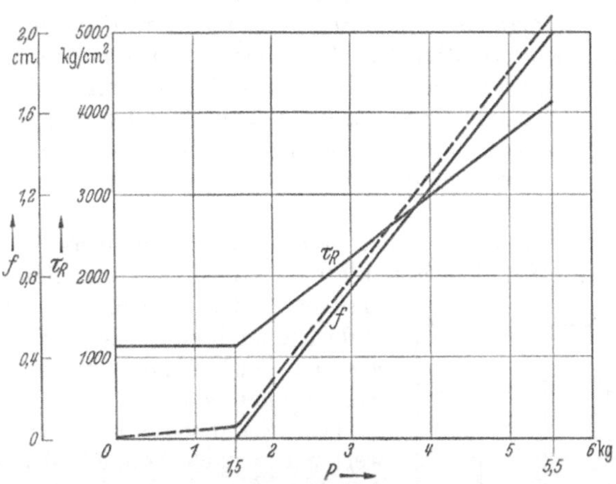

Abb. 61. Federung und Spannung einer mit Vorspannung gewickelten Zugfeder.

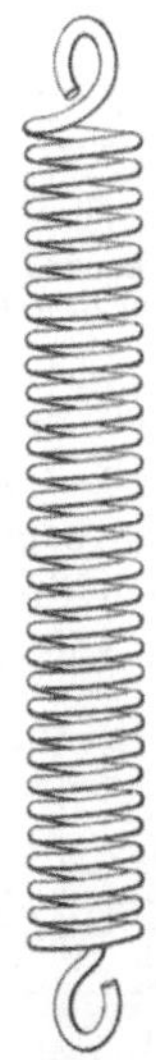

Abb. 62. Zugfeder mit angebogenen Lastösen.

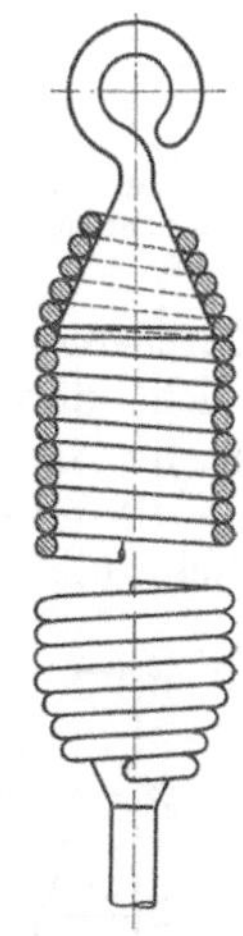

Abb. 63. Zugfeder mit eingewickelten Ösenstücken.

betragen. In Abb. 61 sind f und τ_R in Abhängigkeit von P dargestellt. Da die üblichen, an den Federenden angebogenen Lastösen selbst etwas federn, und da die Feder nie so gleichmäßig hergestellt werden kann, daß alle Windungen *genau* bei $P_v = 1{,}5$ kg zu arbeiten beginnen, ist nicht damit zu rechnen, daß f nach der ausgezogenen theoretischen Linie verläuft. Es wird sich vielmehr etwa die gestrichelte Linie, also für $P_e = 5{,}5$ kg eine etwas größere Verlängerung als die errechnete ergeben.

Bei leichteren Zugfedern sind angebogene Lastösen nach Abb. 62 oder eingewickelte Ösenstücke nach Abb. 63 üblich. Schwere Zugfedern erhalten dem Lastangriff dienende Gewindestopfen (Abb. 64), die in 1½—2 Endwindungen der Feder eingeschraubt werden.

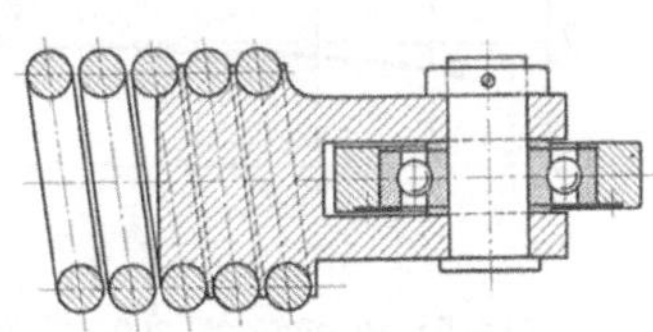

Abb. 64. Zugfeder mit Gewindestopfen.

Um die oft lästige Rechenarbeit beim Entwurf zylindrischer Schraubenfedern zu vermeiden, sind für den Kreisquerschnitt Rechentafeln entworfen worden, die es gestatten, die gesuchten Werte zeichnerisch zu finden. Das brauchbarste und bequemste Hilfsmittel stellen aber zweifellos die vom *Ausschuß für Rechentechnik beim AWF.*, Berlin W 9, Linkstr. 18, herausgebrachten Sonderrechenstäbe SR 704 zur Lösung der Gl. (6) und SR 705 zur Lösung der Gl. (7) dar. Da diesen Rechenstäben eine genaue Gebrauchsanweisung beigegeben ist, erübrigt es sich, hier auf ihre Handhabung näher einzugehen.

Genauere Berechnung. Die angenäherte Berechnung liefert um so ungenauere Ergebnisse, je kleiner das *Formverhältnis* $e = \frac{2\,r}{d}$ der Feder ist. Insbesondere täuscht sie, da sie die endliche Krümmung und die Scherkraft unberücksichtigt läßt, zu niedrige Spannungen vor. In einem geraden Stab von kreisförmigem Querschnitt der auf Verdrehung beansprucht wird, hängt die Spannung nur vom Abstand des betrachteten Punktes vom Kreismittelpunkt ab; sie ist demnach am Rand überall dieselbe. Ist jedoch die Stabachse gekrümmt, wie das bei der Schraubenfeder der Fall ist, so steigt die Spannung auf dem der Federachse zugewandten Teil (Innenseite) des Querschnittes, während sie auf der Außenseite abnimmt. Wird also die Randspannung über dem Umfang des Kreisquerschnittes radial aufgetragen, so wird die wirkliche Spannungsverteilung nicht durch einen konzentrischen Kreis, sondern etwa durch die Kurve dargestellt, die Abb. 65 zeigt.

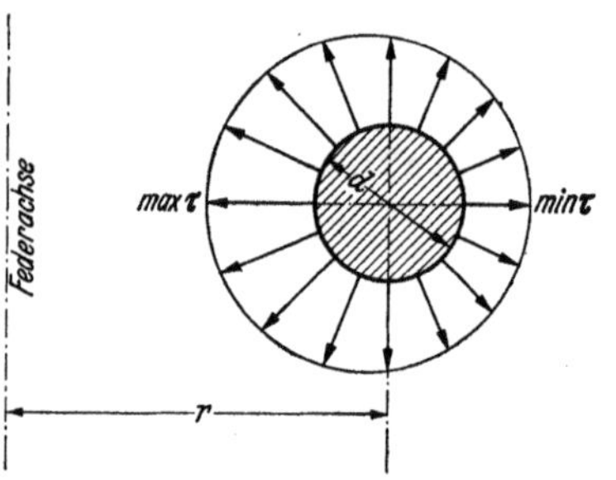

Abb. 65. Wirkliche Spannungsverteilung bei Schraubenfedern mit Kreisquerschnitt.

So erklärt sich die Tatsache, daß Dauerbrüche an zu hoch beanspruchten Schraubenfedern, sofern der Baustoff und insbesondere die Oberfläche von gleichmäßiger Beschaffenheit und fehlerfrei sind, stets von der *Innenseite* der Windungen ihren Ausgang nehmen.

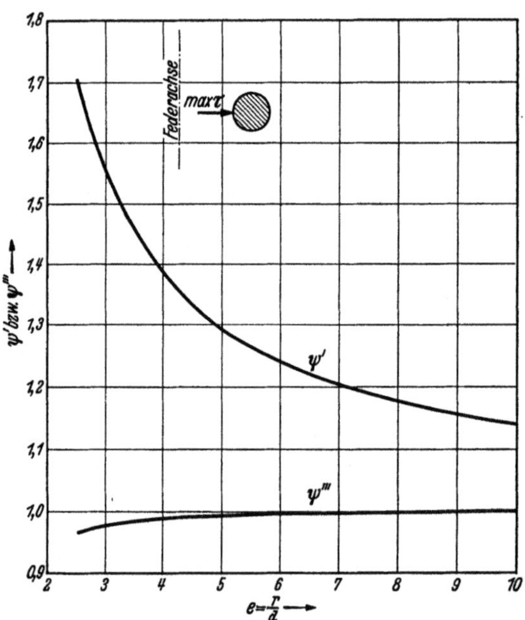

Abb. 66. Beiwerte ψ' und ψ''' für Kreisquerschnitt.

Der Schubspannungshöchstwert max τ nach Abb. 65 ist mit dem lediglich von der Größe des Formverhältnisses $e = \frac{2\,r}{d}$ abhängigen Beiwert ψ' nach GÖHNER[1]

$$\text{(13)} \qquad \max \tau = \psi' \cos \alpha \cdot \tau_R \,.$$

Hierin ist τ_R die Drehspannung gemäß Gl. (6). Da ψ' in Abb. 66 in Abhängigkeit von e dargestellt ist, läßt sich max τ dadurch finden, daß τ_R berechnet und ψ' aus Abb. 66 entnommen wird. Der Steigungswinkel α ist im allgemeinen sehr klein und braucht dann nicht berücksichtigt zu werden (selbst bei $a = 10°$ beträgt der durch die Vernachlässigung bedingte Fehler nur etwa 1,5%). Abb. 66 zeigt anschaulich den ungünstigen Einfluß kleiner Werte des Formverhältnisses e.

[1] GÖHNER, O.: Die Berechnung zylindrischer Schraubenfedern. Z. VDI. Bd. 76 (1932), S. 268, 735.

Der genauere Wert der *Federung* ist bei den üblichen kleinen Steigungswinkeln α nach der Gleichung

(14) $$f_0 = \psi''' f$$

zu berechnen. ψ''' kann aus Abb. 66 entnommen werden. Wie ersichtlich, unterscheidet sich aber dieser Beiwert auch im ungünstigsten Falle nur so wenig von 1, daß die Berichtigung von f nach Gl. (14) schon wegen der Unsicherheit, die hinsichtlich der genauen Größe von G besteht, in den meisten Fällen unnötig ist.

5. Zahlenbeispiel. Die in dem auf S. 60 angegebenen zweiten Beispiel behandelte Ventilfeder soll genauer berechnet werden.

Für das Formverhältnis $e = \frac{3{,}5}{0{,}6} = 5{,}83$ dieser Feder sind Abb. 66 die Werte $\psi' = 1{,}245$ und $\psi''' = 0{,}995$ zu entnehmen. Bei geöffnetem Ventil beträgt der Spielraum zwischen den Windungen $\delta_{min} = 0{,}2$ cm und die Ganghöhe, d. h. der Mittelpunktsabstand zweier aufeinanderfolgender Querschnitte (s. Abb. 53) $s_2 = d + \delta_{min} = 1{,}2 + 0{,}2 = 1{,}4$ cm. Aus der Beziehung $\operatorname{tg} \alpha_2 = \frac{s_2}{2\pi r} = 0{,}0636$ ergibt sich $\alpha_2 = 3° \, 38{,}5'$, $\sin \alpha_2 = 0{,}0635$ und $\cos \alpha_2 = 0{,}998$. Hiermit wird nach den Gl. (13) und (14)

$$\max \tau_2 = 1{,}245 \cdot 0{,}998 \cdot 2730 = 3390 \text{ kg/cm}^2,$$
$$f_{02} = 0{,}995 \cdot 2{,}75 = 2{,}74 \text{ cm}.$$

f_{02} ist also nur ganz unwesentlich geringer als $f_2 = 2{,}75$ cm nach der Näherungsformel Gl. (7). Dagegen ist $\max \tau_2$ um 24½% größer als $\tau_{2R} = 2730$ kg/cm² nach der Näherungsrechnung. Eine ähnliche Vergrößerung zeigen die genaueren Werte gegenüber τ_{R1} und $\tau_{R2} - \tau_{R1}$. Da diese Spannungserhöhung aber in den hierfür zugelassenen Werten des zweiten Beispiels bereits berücksichtigt worden ist, können die dort gefundenen Abmessungen beibehalten werden.

18. Zylindrische Schraubenfedern mit Rechteckquerschnitt. *Angenäherte Berechnung.* Für einen Rechteckquerschnitt mit der größeren Seite h, der kleineren Seite b und dem Seitenverhältnis $n = h/b \geq 1$ ist $k_w = \eta_2 n b^3$ und $k_i = \eta_3 n b^4$. Die vom Seitenverhältnis n abhängigen Beiwerte η_2 und η_3 können Abb. 67 entnommen werden. *Mit h ist stets die größere Seite des Rechtecks zu bezeichnen,* gleichgültig ob sie parallel oder senkrecht zur Federachse steht. Die größte — in der Mitte von h auftretende — Drehspannung ist

(15) $$\tau_R = \frac{r}{\eta_2 n b^3} P.$$

In der Mitte von b tritt eine kleinere Spannung auf. Sie ergibt sich, wenn τ_R nach Gl. (15) mit dem Beiwert $\eta_1 \leq 1$ nach Abb. 67 multipliziert wird. Die Federung f ist

(16) $$f = \frac{2\pi}{\eta_3} \frac{i r^3}{n b^4 G} P = \frac{1}{\eta_3} \frac{l r^2}{n b^4 G} P = 2\pi \frac{\eta_2}{\eta_3} \frac{i r^2}{b G} \tau_R = \frac{\eta_2}{\eta_3} \frac{l r}{b G} \tau_R,$$

und mithin Einheitsfederung und Einheitskraft

(17) $$C = \frac{f}{P} = \frac{2\pi}{\eta_3} \frac{i r^3}{n b^4 G} = \frac{l r^2}{\eta_3 n b^4 G};$$

(18) $$c = \frac{\eta_3 n b^4 G}{2\pi i r^3} = \frac{\eta_3 n b^4 G}{l r^2}.$$

Mit der ebenfalls Abb. 67 [1] zu entnehmenden Kennzahl $k = \frac{1}{2} \frac{\eta_2^2}{\eta_3}$ ist die Federarbeit

(19) $$A = \frac{1}{2} \frac{\eta_2^2}{\eta_3} \frac{b h l}{G} \tau_R^2 = k \frac{V}{G} \tau_R^2.$$

[1] η_1, η_2, η_3 und k nach C. Weber: Die Lehre von der Drehungsfestigkeit. Berlin 1921 (Forschungsarbeiten).

Für den Sonderfall des quadratischen Querschnittes vereinfachen sich diese Gleichungen mit $h = b$, $n = 1$, $\eta_2 = 0{,}208$, $\eta_3 = 0{,}140$ und $k = 0{,}154$ in

$$\tau_R = 4{,}8 \frac{r}{b^3} P, \tag{15a}$$

$$f = 44{,}9 \frac{i\,r^3}{b^4 G} P = 7{,}14 \frac{l\,r^2}{b^4 G} P = 9{,}34 \frac{i\,r^2}{b\,G} \tau_R = 1{,}485 \frac{l\,r}{b\,G} \tau_R . \tag{16a}$$

$$C = \frac{f}{P} = 44{,}9 \frac{i\,r^3}{b^4 G} = 7{,}14 \frac{l\,r^2}{b^4 G} ; \tag{17a}$$

$$c = 0{,}0223 \frac{b^4 G}{i\,r^3} = 0{,}14 \frac{b^4 G}{l\,r^2} , \tag{18a}$$

$$A = 0{,}154 \frac{b^2 l}{G} \tau_R^2 = 0{,}154 \frac{V}{G} \tau_R^2 . \tag{19a}$$

Die Kennlinie ist nach Gl. (16) und (16a) eine Gerade.

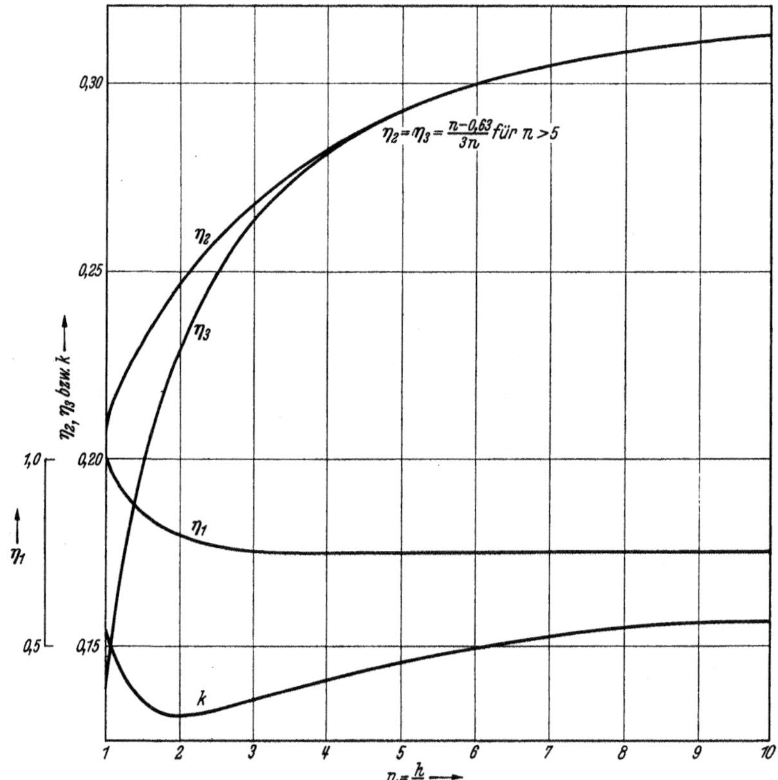

Abb. 67. Beiwerte η_1, η_2, η_3 und k für Rechteckquerschnitt.

Nach Abb. 67 senkt sich die Federkennzahl k von 0,154 für das Quadrat ($n = 1$) auf den Tiefstwert 0,132 für etwa $n = 2$ und strebt mit wachsendem n dem Grenzwert 0,167 zu. Hieraus folgt, daß der Werkstoff in Federn mit Rechteckquerschnitt durchweg wesentlich *schlechter* ausgenutzt wird als in Federn mit Kreisquerschnitt ($k = 0{,}25$). Diese Erscheinung erklärt sich aus der verschiedenartigen Spannungsverteilung in den beiden Querschnittsformen. Während die Drehspannung beim

Kreis vom Mittelpunkt aus nach dem Umfang hin allseitig dem Mittelpunktabstand verhältnisgleich wächst und dort überall den Wert τ_R aufweist, ist die Spannungsverteilung beim Rechteck, wie schon aus der obenerwähnten verschiedenen Größe der Spannungen in der Mitte der Seiten h und b hervorgeht, ungleichmäßig, und zwar derart, daß die Eckbereiche verhältnismäßig niedrig beansprucht und die Ecken selbst überhaupt spannungsfrei sind. Die schlechtere Werkstoffausnutzung des Rechteckquerschnitts wird durch die bessere Ausnutzung des zur Verfügung stehenden Raumes, d. h. des durch den Innen- und Außendurchmesser der Feder begrenzten Hohlzylinders, zwar gemildert, aber häufig nicht ausgeglichen.

Ein weiterer Nachteil der Federn mit Rechteckquerschnitt ist in ihren höheren Herstellungskosten zu erblicken. Wenn ein Stab mit Rechteckquerschnitt auf einen Dorn gewickelt wird, verformt sich das Rechteck in ein Trapez, dessen größere Grundlinie dem Dorn zugewandt ist. Die kleinere, außen liegende Grundlinie ist jedoch nicht gerade, sondern gegen den Dorn konvex gekrümmt. Diese Verformung tritt um so stärker in Erscheinung, je kleiner der Durchmesser des Wickeldorns ist. Um nun in der fertigen Feder einen Rechteckquerschnitt zu erhalten, muß dieser beim Wickeln auftretenden Verformung durch eine im entgegengesetzten Sinn verzerrte Form des Walzstabquerschnittes begegnet werden. Da der Grad der notwendigen Verzerrung vom Wickeldorndurchmesser abhängt, läßt sich ein gegebenes Walzprofil nur für einen beschränkten Durchmesserbereich verwenden, wenn in der fertigen Feder die Abweichung vom genauen Rechteck in erträglichen Grenzen bleiben soll. Das Walzwerk ist daher gezwungen, eine entsprechend große Zahl von Walzen zu beschaffen und zu unterhalten. Überdies fallen bei kleinen Stückzahlen die Kosten für das Walzen der im allgemeinen nicht vorrätigen Profilstäbe stark ins Gewicht. — Bei Rundstäben dagegen ist die durch das Wickeln entstehende Verzerrung ganz belanglos. Sie können daher für jeden beliebigen Windungsdurchmesser verwendet werden. Außerdem lassen sie sich zwecks Steigerung der Dauerfestigkeit durch einfaches Rundschleifen von der stets etwas narbigen und entkohlten Walzhaut befreien. Die kleineren Querschnitte (etwa unter 20 mm² Flächeninhalt), die sich nicht mehr walzen lassen, werden ohnehin von dem durch Ziehen hergestellten Runddraht beherrscht.

Es sei darauf hingewiesen, daß sich die auf S. 63 erwähnten Sonderrechenstäbe für Kreisquerschnitt auch zur Berechnung von Federn mit quadratischem Querschnitt benutzen lassen, wenn d durch die Größe der Quadratseite b ersetzt wird, da sich dann die Gl. (15a) und (16a) von den Gl. (6) und (7) nur noch durch die Zahlenfaktoren voneinander unterscheiden. Es ist daher lediglich notwendig, die mit den Rechenstäben gewonnenen Ergebnisse *sinngemäß* mit den Verhältnissen der entsprechenden Faktoren umzurechnen.

6. Zahlenbeispiel. Es ist eine Feder aus Stahl mit Rechteckquerschnitt zu entwerfen, deren Außenhalbmesser $r_a = 14$ cm betragen kann und deren Innenhalbmesser $r_i = 9$ cm nicht unterschreiten darf. Bei $P = 3500$ kg Belastung und $\tau_R = 6000$ kg/cm² soll sich die Feder um $f = 14$ cm zusammendrücken.

Aus den zulässigen Durchmessergrenzen ergibt sich der mittlere Windungshalbmesser zu $r = \frac{1}{2}(r_a + r_i) = 11{,}5$ cm und die größere Seite des Rechteckes zu $h = 5$ cm. Aus Gl. (15) folgt mit $b = \frac{h}{n}$

$$\frac{\eta_2}{n^2} = \frac{P\,r}{\tau_R\,h^3} = \frac{3500 \cdot 11{,}5}{6000 \cdot 125} = 0{,}0537\,.$$

Nach Abb. 67 genügen dieser Gleichung die zusammengehörigen Werte $n = 2{,}15$ und $\eta_2 = 0{,}2495$. Das hieraus errechnete $b = \frac{h}{n} = \frac{5}{2{,}15} = 2{,}315$ cm wird auf $b = 2{,}3$ cm abgerundet, und die Rechnung entsprechend mit $n = \frac{5}{2{,}3} = 2{,}175$, $\eta_2 = 0{,}252$ und $\eta_3 = 0{,}236$ weitergeführt. Die

Feder ist demnach gemäß Gl. (15) mit

$$\tau_R = \frac{3500 \cdot 11,5}{0,252 \cdot 2,175 \cdot 12,15} = 6040 \text{ kg/cm}^2$$

beansprucht. Die Windungszahl beträgt nach Gl. (16)

$$i = \frac{f\ \eta_3\ b\ G}{2\pi\ \eta_2\ r^2\ \tau_R} = \frac{14 \cdot 0,236 \cdot 2,3 \cdot 830\,000}{6,28 \cdot 0,252 \cdot 132,25 \cdot 6040} = 5\,,$$

und die Feder ist bei $P = 3500$ kg Belastung mit $\delta_{min} = 0,26$ cm

$$L = (i + 1)\,\mathrm{b} + i\,\delta_{min} = 6 \cdot 2,3 + 5 \cdot 0,26 = 15,1 \text{ cm lang.}$$

Die fünf wirksamen Windungen wiegen 32,6 kg.

Zum Vergleich sei für dieselben Werte von r_a, P, f und τ_R eine Feder mit quadratischem Querschnitt berechnet. Mit $r = r_a - b/2$ ist nach Gl. (15a)

$$\frac{b^3}{r_a - \frac{b}{2}} = \frac{4,8\,P}{\tau_R}\,,$$

$$b^3 + 2,4\,\frac{P\,b}{\tau_R} - 4,8\,\frac{P\,r_a}{\tau_R} = 0\,,$$

und nach Einsetzen der Zahlenwerte

$$b^3 + \frac{2,4 \cdot 3500}{6000}\,b - \frac{4,8 \cdot 3500 \cdot 14}{6000} = 0\,,$$

$$b^3 + 1,4\,b - 39,2 = 0.$$

Dieser Gleichung genügt ein $b = 3,25$ cm. Mit $r = r_a - b/2 = 14 - 1,625 = 12,375$ cm errechnet sich nach Gl. (15a)

$$\tau_R = \frac{4,8 \cdot 12,375}{34,35}\,3500 = 6060 \text{ kg/cm}^2\,,$$

und nach Gl. (16a)

$$i = \frac{f\,b\,G}{9,34\,r^2\,\tau_R} = \frac{14 \cdot 3,25 \cdot 830\,000}{9,34 \cdot 153 \cdot 6060} = 4,38.$$

Mit $\delta_{min} = 0,365$ cm beträgt die Federlänge bei $P = 3500$ kg

$$L = (4,38 + 1)\,3,25 + 4,38 \cdot 0,365 = 19,1 \text{ cm}$$

und das Gewicht der 4,38 Windungen 28,4 kg. Infolge der schlechteren Raumausnutzung ist also die Feder mit Quadratquerschnitt zwar länger, infolge des günstigeren Wertes von k aber leichter als die Feder mit Rechteckquerschnitt.

Eine für die gleichen Bedingungen entworfene Feder mit Kreisquerschnitt weist mit $\tau_R = 6215$ kg/cm² folgende Abmessungen auf: $r = 12,35$ cm; $d = 3,3$ cm; $i = 3,27$ cm; $L = 15,3$ cm. Mit einem Gewicht von nur 17,05 kg wäre diese Feder bei weitem die leichteste und dabei nur ganz unwesentlich länger als die Rechteckfeder, so daß es im vorliegenden Falle einer Prüfung der Beanspruchungen durch die genauere Rechnung bedürfen würde, ob die Verwendung des Rechteckquerschnittes von Nutzen ist. Anderseits lassen sich die gestellten Forderungen mitunter *nur* durch einen Rechteckquerschnitt mit großem Seitenverhältnis n erfüllen, und zwar immer dann, wenn das vorgeschriebene Verhältnis r_a/r_i sehr groß oder sehr klein ist.

Auch Federn mit quadratischem Querschnitt werden häufig zu Federsätzen zusammengestellt. Als Bedingung für gleiches τ_R gilt wieder Gl. (11), wenn b_1, b_2, b_3 usw. statt d_1, d_2, d_3 usw. geschrieben wird.

Genauere Berechnung. Nach der angenäherten Berechnung, die streng nur für unendlich großen mittleren Windungshalbmesser Gültigkeit hat, tritt die größte Drehspannung τ_R nach Gl. (15) stets in der Mitte der größeren Rechteckseite h auf, gleichgültig, ob diese Seite senkrecht oder parallel zur Federachse steht. Bei *endlicher* Krümmung dagegen, deren Einfluß die genauere Berechnung berücksichtigt, hängt es von der Lage der Seite h zur Federachse und von der Größe des Formverhältnisses e ab, ob die größte Spannung auf der größeren Seite h oder der kleineren Seite b auftritt. Unter e ist bei Rechteckquerschnitt das Verhältnis von r zu der halben Größe der auf der Federachse *senkrecht* stehenden Rechteckseite zu verstehen, also $e = \frac{r}{\frac{h}{2}} = \frac{2\,r}{h}$, wenn h *senkrecht*, und $e = \frac{2\,r}{b}$, wenn h *parallel* zur Federachse steht.

1. $e = \frac{2\,r}{h}$. *Die größere Rechteckseite h steht senkrecht auf der Federachse* (Abb. 55).

Nach GÖHNER[1] ist

$$\max \tau_h = \psi'_h \cos\alpha \cdot \tau_R \tag{20}$$

die größte auf der Seite h, aber nicht mehr in ihrer Mitte, sondern näher der Federachse auftretende Spannung, und

$$\max \tau_b = \psi'_b \cos\alpha \cdot \tau_R\,, \tag{21}$$

die größte Spannung auf der Seite b, die in der Mitte dieser Seite auftritt.

Die für verschiedene e geltenden ψ'_h und ψ'_b sind in Abb. 68 in Abhängigkeit von n als Kurven aufgetragen, allerdings nur für $e = 2{,}5$ in ihrem vollständigen Verlauf. Wie ersichtlich, sind ψ'_h und ψ'_b für $e = 2{,}5$ bei $n = 4{,}85$ einander gleich ($\psi'_h = \psi'_b = 1{,}38$). Für $n > 4{,}85$ weist ψ'_h, für $n < 4{,}85$ ψ'_b die größeren und daher für die Berechnung allein wichtigen Werte auf. Infolgedessen sind für $e = 3, 4, 5$ usw. lediglich diejenigen Kurvenäste gezeichnet, welche die größeren Werte liefern. Auf diese Weise sind die einen Knick aufweisenden Linienzüge entstanden. Um in einem gegebenen Fall $\max\tau$ zu ermitteln, ist es nur notwendig, ψ' für das betreffende e und n abzulesen und damit τ_R nach Gl. (15) (oder für $n = 1$ nach Gl. 15a) zu multiplizieren. Die Gl. (20) und (21) lassen sich also zu der Formel

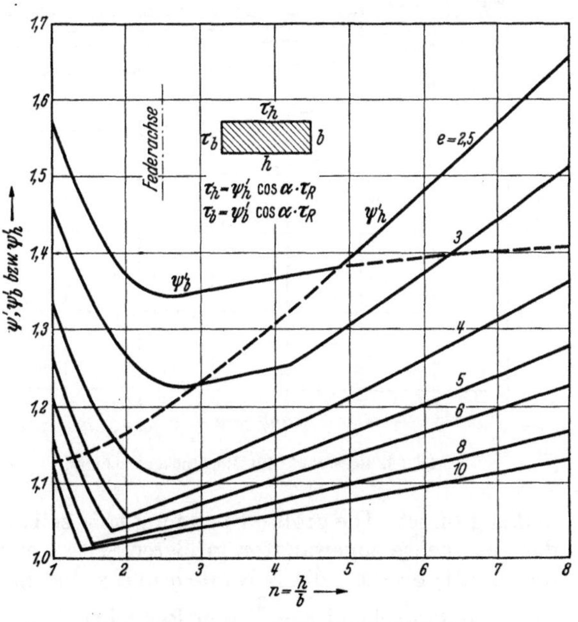

Abb. 68. Beiwert ψ' für Rechteckquerschnitt.

$$\max \tau = \psi' \cos\alpha \cdot \tau_R \tag{22}$$

zusammenfassen. Im allgemeinen wird $\cos\alpha = 1$ gesetzt werden dürfen.

Den genaueren Wert der Federung liefert nach GÖHNER die Formel

$$f_0 = \psi''' \cdot f \tag{23}$$

ψ''' kann Abb. 69 entnommen werden.

Mittels der *strengen*, von GÖHNER angegebenen Lösungen für die Spannungsverteilung über den Querschnitt hat LIESECKE[2] das Ergebnis seiner Berechnungen

[1] GÖHNER, O.: Die Berechnung zylindrischer Schraubenfedern. Z. VDI Bd. 76 (1932), S. 269 u. 735.

[2] LIESECKE, G.: Berechnung zylindrischer Schraubenfedern mit rechteckigem Drahtquerschnitt. Z. VDI Bd. 77 (1933), S. 425 u. 892.

in Formeln gefaßt, die *unmittelbar* die genaueren Werte für $\max\tau$, f_0 und A_0 zu berechnen gestatten, und zwar mit noch etwas größerer Genauigkeit als die Gl. (22) und (23). Diese Formeln lauten:

$$\max\tau = \varphi \frac{2\,r}{n\sqrt{n}\,b^3} P\,, \tag{24}$$

$$f_0 = \chi \frac{8\,i\,r^3}{n^2\,b^4\,G} P = \frac{\chi}{\varphi} \frac{4\,i\,r^2}{\sqrt{n}\,b\,G} \max\tau\,, \tag{25}$$

$$A_0 = \frac{P f_0}{2} = \frac{\chi}{\varphi^2} \frac{n\,i\,r\,b^2}{G} \max\tau^2 = \frac{\chi}{2\,\pi\,\varphi^2} \frac{V}{G} \max\tau^2\,. \tag{26}$$

Die Beiwerte φ und χ sind aus den Abb. 70 und 71 zu entnehmen, und zwar für den hier betrachteten Fall, daß die *größere* Rechteckseite h auf der Federachse senkrecht steht $\left(e = \frac{2\,r}{h}\right)$, aus den Bereichen der Kurvenscharen rechts von der das Quadrat kennzeichnenden lotrechten, in der Mitte der Schaubilder gelegenen Geraden $n = 1$.

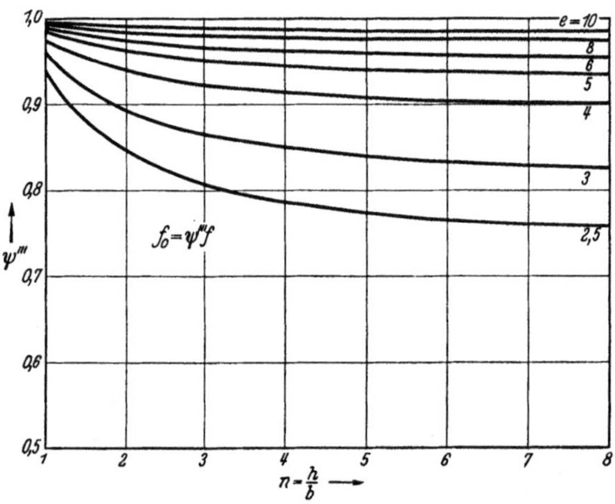

Abb. 69. Beiwert ψ''' für Rechteckquerschnitt.

2. $e = \frac{2\,r}{b}$. *Die größere Rechteckseite h ist der Federachse parallel.*

Zylindrische Schraubenfedern dieser Art finden Verwendung, wenn das Verhältnis r_a/r_i des Außenhalbmessers r_a zum Innenhalbmesser r_i sehr klein und die Federkraft P verhältnismäßig groß ist. Die größte Spannung tritt selbsverständlich stets in der Mitte der der Federachse zugewandten größeren Seite h auf. Der Berechnung dienen wieder die Gl. (24) bis (26); die Beiwerte φ und χ sind den Abb. 70 und 71 zu entnehmen, jedoch entsprechend $e = \frac{2\,r}{b}$ den Bereichen *links* von der Lotrechten $n = 1$. Für $n > 5$ liefert nach Liesecke die Näherungsgleichung

$$\max\tau = 1{,}5 \frac{e+1}{b^2\,(n - 0{,}63)} P = 0{,}5 \frac{e+1}{\eta_2\,n\,b^2} P \tag{27}$$

ausreichend genaue Werte.

7. Zahlenbeispiel. Die im 6. Zahlenbeispiel ermittelte Feder mit Rechteckquerschnitt ($r = 11{,}5$ cm, $b = 2{,}3$ cm, $h = 5$ cm, $i = 5$, $P = 3500$ kg, $f = 14$ cm, $\tau_R = 6040$ kg/cm²) soll genauer nachgerechnet werden.

Für $n = 2{,}175$ und $e = \frac{2\,r}{h} = \frac{2 \cdot 11{,}5}{5} = 4{,}6$ ist Abb. 68 durch Interpolieren $\psi' = 1{,}085$ zu entnehmen. Da dieser Punkt *links* von dem Knick des für $e = 4{,}6$ gezeichnet gedachten Linienzuges liegt, tritt die größte Spannung in der Mitte der der Federachse zugewandten *kleineren* Rechteckseite b auf ($\max\tau_b$); doch dürfte $\max\tau_h$ wegen der Nähe des Knickes fast ebenso groß sein. Nach Abb. 69 ist $\psi''' = 0{,}95$. Mithin ergibt sich ($\cos\alpha = 1$ gesetzt)

nach Gl. (22) $\max\tau = 1{,}085 \cdot 6040 = 6560$ kg/cm²,
nach Gl. (23) $f_0 = 0{,}95 \cdot 14 = 13{,}3$ cm.

Zum Vergleich werde die Rechnung auch nach Gl. (24) und (25) durchgeführt. Mit $\varphi = 3{,}17$ und $\chi = 6{,}85$ ist

$$\text{nach Gl. (24)} \max \tau = 3{,}17 \frac{2 \cdot 11{,}5 \cdot 3500}{2{,}175 \cdot 1{,}473 \cdot 12{,}15} = 6550 \text{ kg cm}^2.$$

$$\text{nach Gl. (25)}\ f_o = \frac{8 \cdot 5 \cdot 1520 \cdot 3500}{4{,}73 \cdot 28 \cdot 830\,000} = 13{,}25 \text{ cm}.$$

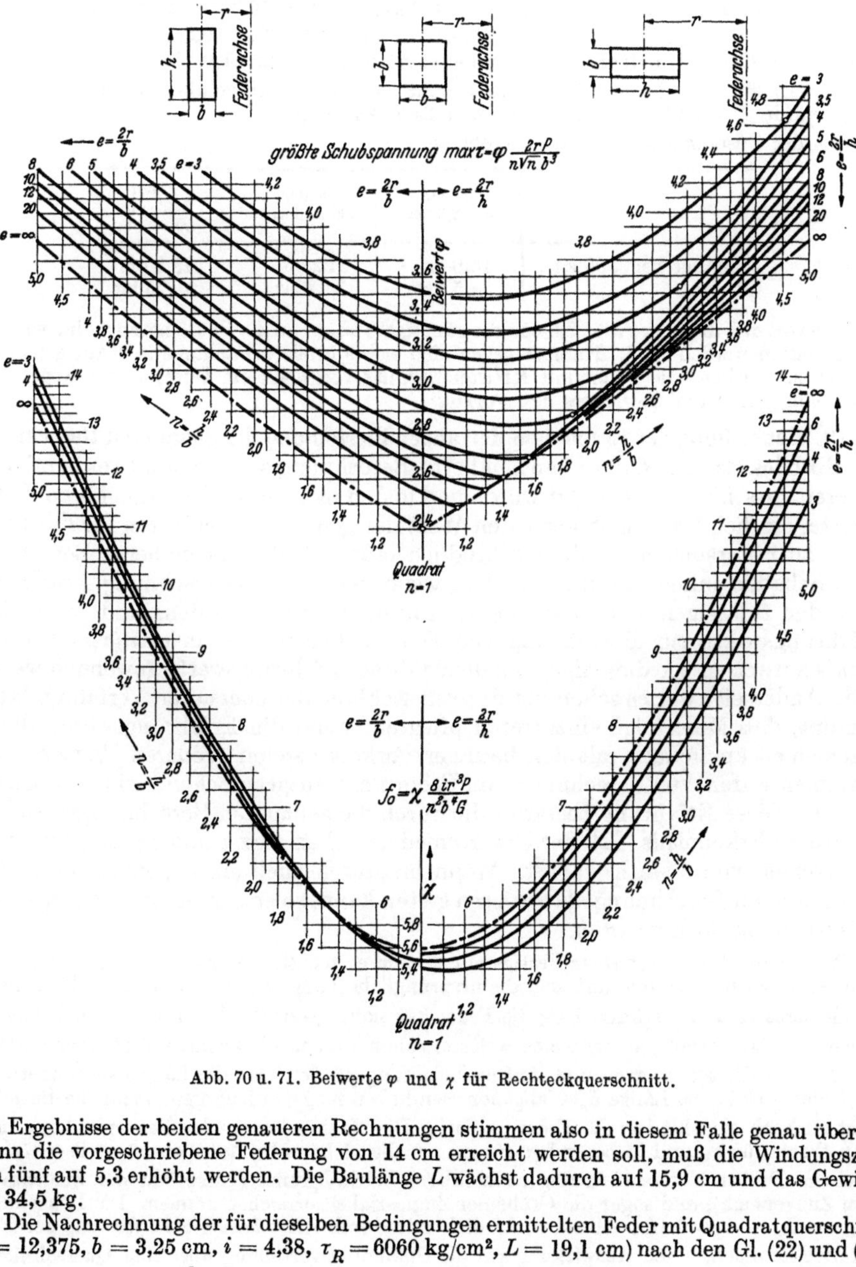

Abb. 70 u. 71. Beiwerte φ und χ für Rechteckquerschnitt.

Die Ergebnisse der beiden genaueren Rechnungen stimmen also in diesem Falle genau überein. Wenn die vorgeschriebene Federung von 14 cm erreicht werden soll, muß die Windungszahl von fünf auf 5,3 erhöht werden. Die Baulänge L wächst dadurch auf 15,9 cm und das Gewicht auf 34,5 kg.

Die Nachrechnung der für dieselben Bedingungen ermittelten Feder mit Quadratquerschnitt ($r = 12{,}375$, $b = 3{,}25$ cm, $i = 4{,}38$, $\tau_R = 6060$ kg/cm², $L = 19{,}1$ cm) nach den Gl. (22) und (23) führt mit $n = 1$, $e = \frac{2r}{b} = 7{,}61$, $\psi' = 1{,}165$ und $\psi''' = 0{,}993$ auf $\max \tau = 7050$ kg/cm² und

$f_0 = 13{,}9$ cm. Diese Beanspruchung ist immerhin um $7\frac{1}{2}\%$ größer als diejenige der Feder mit dem Querschnitt $5 \times 2{,}3$ cm². Um $\max\tau$ auf etwa 6500 kg/cm² herabzusetzen, müßte die Feder mit Quadratquerschnitt mit $r = 12{,}325$ cm, $b = 3{,}35$ cm, $i = 5$ ausgeführt werden. Die Baulänge L würde 22 cm und das Gewicht 34,2 kg betragen. Die Feder wäre damit ganz wesentlich länger als die Feder $5 \times 2{,}3$ cm², ohne daß eine nennenswerte Gewichtsersparnis einträte.

Schließlich sei auch noch die in demselben Beispiel behandelte Feder mit Kreisquerschnitt ($r = 12{,}35$ cm, $d = 3{,}3$ cm, $i = 3{,}27$, $\tau_R = 6125$ kg/cm², $L = 15{,}3$ cm) betrachtet. Nach den Gl. (13) und (14) ergibt sich mit $e = 7{,}48$, $\psi' = 1{,}185$ und $\psi''' = 0{,}995$ $\max\tau = 7260$ kg/cm² und $f_0 = 13{,}92$ cm. Um die Spannung auf etwa 6500 kg/cm² zurückzuführen, müßte die Feder mit $r = 12{,}2875$ cm, $d = 3{,}425$ cm und $i = 3{,}9$ Windungen ausgeführt werden. Ihre Baulänge würde $L = 18{,}2$ cm und ihr Gewicht 21,75 kg betragen.

Aus der Zusammenstellung der Ergebnisse

	Feder 5 × 2,3 cm²	Feder 3,35 × 3,35 cm²	Feder 3,425 cm Durchm.
Baulänge bei 3500 kg .	15,9 cm	22 cm	18,2 cm
Gewicht	34,5 kg	34,2 kg	21,75 kg

geht hervor, daß die Feder $5 \times 2{,}3$ cm² die günstigste ist, wenn die Baulänge so gering wie möglich gehalten werden muß. Kann dagegen eine etwas größere Baulänge in Kauf genommen werden, so verdient die Feder mit Kreisquerschnitt von 3,425 cm Durchmesser wegen ihres wesentlich geringeren Gewichtes den Vorzug.

19. Beurteilung der Ergebnisse der angenäherten und der genaueren Berechnung. Im Hinblick darauf, daß die angenäherte Berechnung vor Bekanntwerden der genaueren ausschließlich benutzt wurde und in den meisten Fällen brauchbare Federn lieferte, erscheint es angebracht, den Wert der genaueren Verfahren für die Praxis näher zu untersuchen. Selbstverständlich läßt sich die angenäherte Berechnung ohne Schaden immer dann anwenden, wenn der Festigkeitsrechnung *Erfahrungswerte* der zulässigen Drehspannung τ_R zugrunde gelegt werden, und wenn diese Erfahrungswerte zur Berechnung von Federn dienen, die ein *ähnliches Formverhältnis* aufweisen wie diejenigen, an denen diese Erfahrungswerte gewonnen worden sind. Anderseits war es schon vor der Entwicklung der genaueren Verfahren längst bekannt, daß Mißerfolge einzutreten pflegten, wenn die Erfahrungswerte, die im allgemeinen an Federn mit den häufiger vorkommenden größeren Werten von e gewonnen waren, zur Berechnung von Federn mit ausgesprochen kleinem e benutzt wurden. Diese Erfahrung bestätigt die durch die genaueren Berechnungsverfahren offenbarte Erkenntnis, daß der Unterschied zwischen $\max\tau$ und τ_R mit abnehmenden Werten von e stark wächst. Wenn hierdurch auch ein augenfälliger Nutzen der genaueren Berechnung als erwiesen gelten kann, so erscheint eine weitergehende Untersuchung doch geboten.

Wenn eine Feder nach ihrer Fertigstellung zum ersten Male belastet und wieder entlastet wird, so ist zu beobachten, daß sich die ursprüngliche Länge L_0 in unbelastetem Zustand auf ein kleineres Maß L_0' verkürzt hat; die Feder hat sich „gesetzt". Wird der Versuch mit derselben Last wiederholt, so tritt eine weitere, schon wesentlich kleinere Verkürzung auf L_0'' ein. Mit der dritten, vierten und fünften Belastung pflegen aber die Längenverminderungen der Feder, welche die Länge $L_0^{(n)}$ angenommen haben möge, aufzuhören, wenn die Belastung nicht zu hoch gewählt ist; die Feder „steht". Die Nachrechnung der Beanspruchung liefert dann Werte für τ_R und insbesondere für $\max\tau$, die nicht unbeträchtlich höher liegen, als die an einem Drehstab versuchsmäßig feststellbare Verdrehgrenze (entspricht der Streckgrenze beim Zugversuch), und sogar die Größe der Zugfestigkeit erreichen können. Die Längenänderung um $L_0 - L_0^{(n)}$ kann selbstverständlich nur durch eine *plastische Verformung* der Feder zustande kommen, deren Auswirkung auf die Spannungsverteilung über den Querschnitt an Hand der Abb. 72 für eine Feder mit Kreisquerschnitt (e sehr groß und α sehr klein) betrachtet werden soll.

O a sei ein Halbmesser des Kreisquerschnittes. Die Drehspannung würde vom Kreismittelpunkt ausgehend von Null gradlinig auf τ_R am Kreisumfang wachsen, also für den Halbmesser *O a* beispielsweise gemäß der Geraden *O b* auf die Randspannung $a\,b = \tau_R$ nach Gl. (6). Das wäre jedoch nur möglich, wenn $a\,b = \tau_R$ unterhalb der Verdrehungsgrenze bliebe. Ist aber diese Verdrehgrenze, welche die Größe *c d* haben möge, wie gezeichnet, kleiner als *a b*, so wird der äußere Kreisring von der Breite *a—c*, in welchem die rechnungsmäßigen Drehspannungen nach der Geraden *O b* größer sind als die Verdrehgrenze, bleibende Verformungen erfahren, die nach dem Entlasten die beobachtete Längenverminderung der Feder herbeiführen. Infolgedessen kann die Spannung nicht nach der Geraden *O b* verlaufen, sondern muß etwa dem Linienzug *O d h* folgen, dessen Gestalt noch begründet werden wird. In dem inneren Kreis, in welchem die Drehspannung unterhalb der Verdrehgrenze geblieben, und der daher durch die Belastung lediglich elastisch verformt ist, wollen zwar die Spannungen nach dem Entlasten auf Null zurückgehen, werden aber durch den plastisch verformten äußeren Kreisring daran gehindert. Es bleiben nach dem Entlasten im inneren Kreis Spannungen (sog. *Nachspannungen*) nach dem Linienzug *O e f* zurück, denen im äußeren Kreisring entgegengesetzt gerichtete Spannungen nach der Linie *f g* das Gleichgewicht halten, sofern die auf die zu *O a* senkrechte Gerade *O i* bezogenen Flächenträgheitsmomente der Dreiecke *O e f* und *a f g* einander gleich sind. Bei erneuter Belastung addieren oder subtrahieren sich — je nach dem Vorzeichen — die Nachspannungen zu den durch die Last hervorgerufenen und gemäß *O b* verlaufenden rechnerischen Spannungen. Es entsteht dann der durch $k\,d = c\,e$ und $g\,h = a\,b = \tau_R$ bestimmte, schon erwähnte Linienzug *O d h*, demzufolge am Kreisumfang nicht mehr die scheinbare Spannung $a\,b = \tau_R$, sondern der kleinere Wert *a h* auftritt. Anderseits sind die Spannungen im inneren Kreise vom Halbmesser *O f* durchweg größer als die errechneten. *d h* verläuft nicht genau parallel zu *O a*, da die Verdrehgrenze im äußeren Kreisring infolge der durch die plastische Verformung bedingten Kaltverfestigung je nach dem Grad der Verformung über ihren ursprünglichen Wert *c d* hinaus wächst und am Rande die Größe *a h* erreicht. Zwar werden die Spannungen in Wirklichkeit nicht nach gebrochenen Linienzügen, wie sie Abb. 72 zeigt, sondern nach entsprechend gekrümmten Linien verlaufen; es bleibt aber richtig, daß bei allen höher beanspruchten Federn die in Wirklichkeit auftretenden Randspannungen kleiner sind als die nach Gl. (6) errechneten.

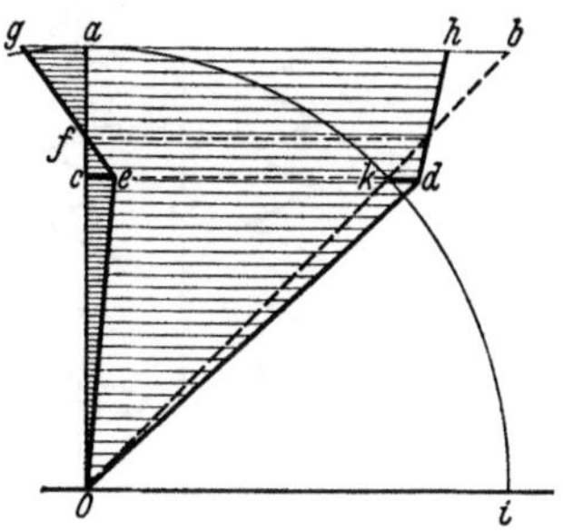

Abb. 72. Spannungsverteilung in einem teilweise bleibend verdrehten Stab mit Kreisquerschnitt.

Eine ähnliche Betrachtung läßt sich für die nach den genaueren Verfahren errechneten größeren Spannungen $\max \tau$ anstellen. Gerade die am höchsten beanspruchten Querschnitte werden die größte Spannungsminderung erfahren.

Nach diesen Betrachtungen, die *grundsätzlich* für alle Federarten gelten, kann kein Zweifel darüber bestehen, daß in Wirklichkeit die maximale Spannung kleiner als $\max \tau$ ist. Welche Schlüsse können hieraus auf die Größe der tatsächlich auftretenden größten Spannung gezogen werden? Leider lassen sich in dieser Hinsicht zunächst lediglich Vermutungen hegen, da nur die Absolutwerte der Spannung, also etwa die als $\max \tau$ gedachte Spannung $g\,h = a\,b$ in Abb. 72 unmittelbar gemessen werden können. Dagegen stößt die Ermittlung der Nachspannungen und damit der wirklichen Spannungen auf große Schwierigkeiten.

Es läßt sich vermuten, daß die tatsächliche größte Spannung bei Federn mit größeren *e*-Werten, bei denen der Unterschied zwischen den errechneten τ_R und $\max \tau$ nicht so groß ist, infolge der durch das „Setzen“ bedingten Spannungsminderung eher in der Nähe von τ_R als von $\max \tau$ liegt. Bei Federn mit kleinen *e*-Werten dagegen wird die Spannungsminderung wahrscheinlich nicht ausreichen, um $\max \tau$ auf einen in der Nähe von τ_R liegenden Wert herabzudrücken, und die größte Spannung wird daher zwischen $\max \tau$ und τ_R, vielleicht sogar näher $\max \tau$ liegen. Da $\max \tau$ in jedem Falle größer ist als die tatsächlich auftretende größte Spannung, wird die Anwendung der genaueren Berechnung zum mindesten für Federn mit kleinen *e* Werten aus Sicherheitsgründen zur Notwendigkeit. Aus Gründen der Einheitlichkeit empfiehlt es sich aber, sie ohne Rücksicht auf die Größe von *e* ganz allgemein anzuwenden.

Die genauere Rechnung gewinnt besondere Bedeutung im Hinblick auf die Dauerfestigkeit. Wenn Federn, wie dies meistens der Fall ist, im Betrieb häufig wechselnden Belastungen unterworfen sind, hängt ihre Haltbarkeit in erster Linie davon ab, ob die durch die Lastschwankungen bedingten Spannungsunterschiede innerhalb der Grenzen der Dauerfestigkeit liegen. Nun setzt zwar die plastische Verformung die Höhe der Mittelspannung herab, sie vermag aber die Größe von Spannungsunterschieden nicht zu mindern. Das geht aus Abb. 72 ohne weiteres hervor. Die Randspannung, die durch eine Belastung P hervorgerufen sein möge, ist wegen der plastischen Verformung nicht $a\,b$, sondern nur $a\,h$. Wird aber die Feder völlig entlastet, so entsteht die negative Randspannung $a\,g$, d. h. der Laständerung P entspricht nicht etwa ein Spannungsunterschied $a\,h$, sondern $a\,h + a\,g = g\,h = a\,b$. Genau so ist es, wenn sich die Last, wie es meist der Fall ist, nicht gerade zwischen 0 und P, sondern zwischen zwei in diesem Bereich liegenden Lasten P_1 und P_2 ändert. Diesem Lastunterschied $P_2 - P_1$ entspricht nicht der Spannungsunterschied $\frac{P_2-P_1}{P}\,a\,h$ sondern $\frac{P_2-P_1}{P}\,g\,h = \frac{P_2-P_1}{P}\,a\,b$. Hieraus folgt, daß die plastische Verformung Spannungsunterschiede nicht mindert, und daß daher nur die genauere Rechnung die wahre Größe von Wechselspannungen zu ermitteln gestattet. Ein Mißerfolg

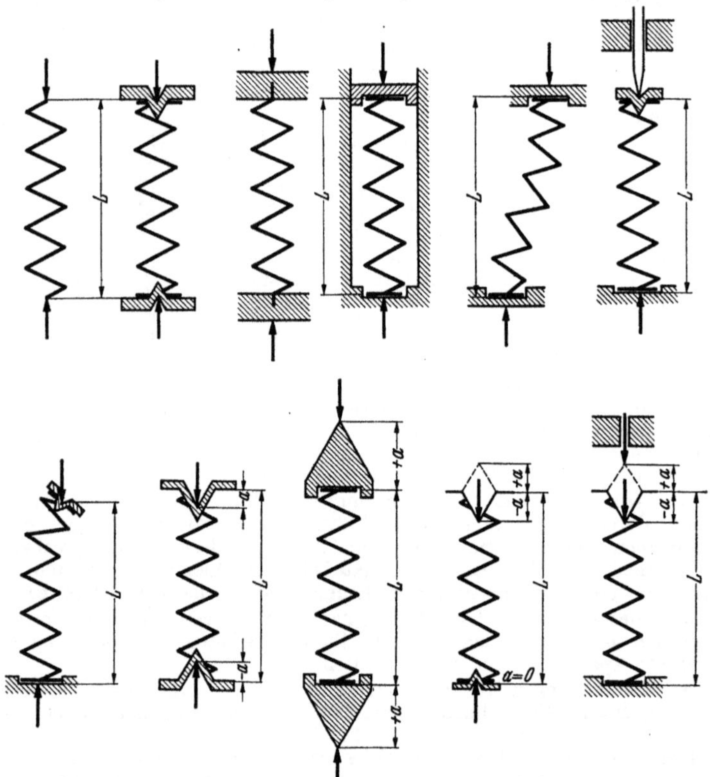

Abb. 73. Die wichtigsten Fälle der Lagerung auf Knickung beanspruchter Schraubenfedern.

wäre unvermeidlich, wenn etwa die an einer Ventilfeder mit großem e versuchsmäßig gefundene Dauerfestigkeit in Spannungswerten der Näherungsrechnung ausgedrückt und dann dem Entwurf einer Feder mit kleinem e zugrunde gelegt würde.

20. Die Knicksicherheit. Druckbeanspruchte Schraubenfedern unterliegen der Gefahr seitlichen Ausknickens [1] genau so wie gerade Druckstäbe. Wenn die Druckkraft P eine bestimmte, von den Abmessungen des Stabes oder der Feder und von der Lagerung der Enden abhängige Größe P_k erreicht, krümmt sich plötzlich die anfänglich gerade Längsachse des Stabes oder der Feder; es tritt Ausknicken ein. Die kritische Kraft P_k heißt daher *Knicklast*, und das Verhältnis $\mathfrak{S} = \frac{P_k}{P}$ der Knick-

[1] Biezeno, C. B. u. J. J. Koch: Knickung von Schraubenfedern. Z. angew. Math. Mech. Bd. 5 (1925). — Grammel, R.: Die Knickung von Schraubenfedern. Z. angew. Math. Mech. Bd. 4 (1924). — Grosz u. Lehr: Die Federn. — Hurlbrink, E.: Berechnung zylindrischer Druckfedern auf Sicherheit gegen seitliches Ausknicken. Z. VDI (1910) Bd. 54 S. 133 u. 181.

Druckfehlerberichtigungen

zu Groß, Berechnung und Gestaltung der Federn.

S. 40, Z. 11 o.: Am Schluß der Formel für N lies „kgcm²" statt kg/cm².

S. 59, Z. 3 v. o.: Statt „$f = 10{,}186 \frac{220 \cdot 25}{10 \cdot 830\,000}$ usw." lies „$f = 10{,}186 \frac{220 \cdot 25}{16 \cdot 830\,000}$ usw."

S. 60, Z. 7 v. u.: Statt „sondern mit ¼ toten Windungen" lies „sondern mit 1¼ toten Windungen".

S. 74. Abb. 73 ist durch das nachfolgende, ergänzte Bild zu ersetzen:

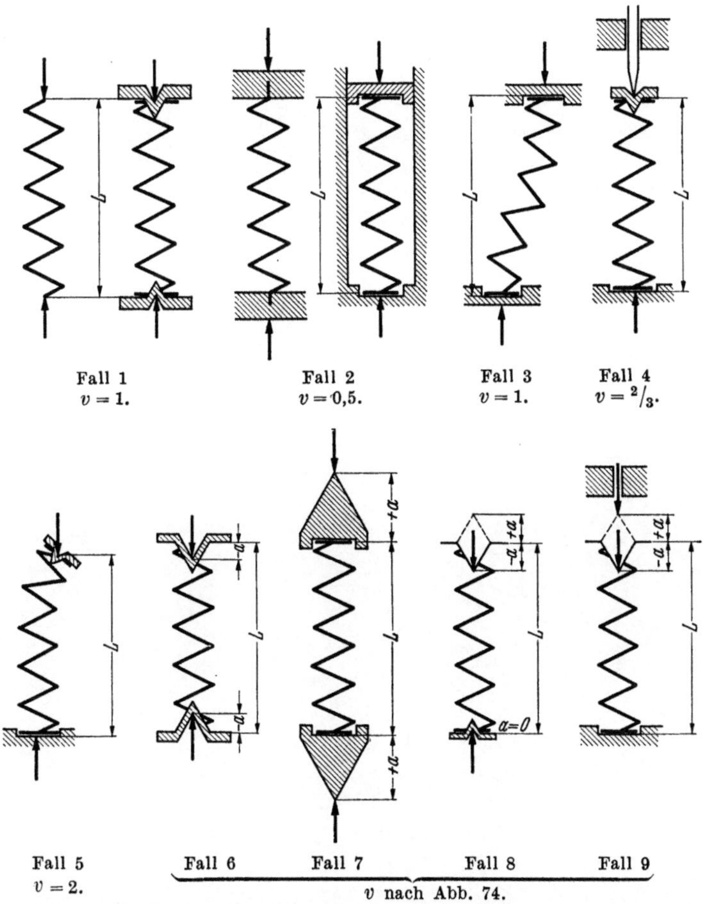

Abb. 73. Die wichtigsten Fälle der Lagerung auf Knickung beanspruchter Schraubenfedern.

S. 76. Tabelle zum 8. Zahlenbeispiel: Für Fall 2 u. 3 sind die Zahlenwerte unter v, P_k und $\mathfrak{S}$ zu vertauschen.

S. 86. Z. 23. v. u.: Statt „4,72 cm" lies „0,72 cm".

last P_k zur tatsächlichen Belastung $P \leq P_k$ wird *Knicksicherheit* genannt. In Abb. 73 sind die neun wichtigsten Fälle der Lagerung zylindrischer Schraubenfedern dargestellt. Die Federlänge L entspricht derjenigen Belastung P, für welche die Knicksicherheit der Feder untersucht werden soll. Die verschiedenen Arten der Lagerung der Federenden werden in den folgenden Formeln für P_k durch den Lagerungswert v berücksichtigt. Soweit die Last P unmittelbar in der Ebene der Federstirnflächen angreift (Fall 1—5), sind die entsprechenden v-Werte bei den Bildern in Abb. 73 angegeben. Für die Fälle 6—9, in denen die Lastangriffspunkte um das Stück a innerhalb oder außerhalb der Federlänge L liegen, sind die zugehörigen v-Werte der Abb. 74 zu entnehmen, in der sie in Abhängigkeit von $\frac{L-2\,a}{L}$ und $\frac{L+2\,a}{L}$ für Fall 6 und 7, sowie von $\frac{L-a}{L}$ und $\frac{L+a}{L}$ für Fall 8 und 9 als Kurven aufgetragen sind.

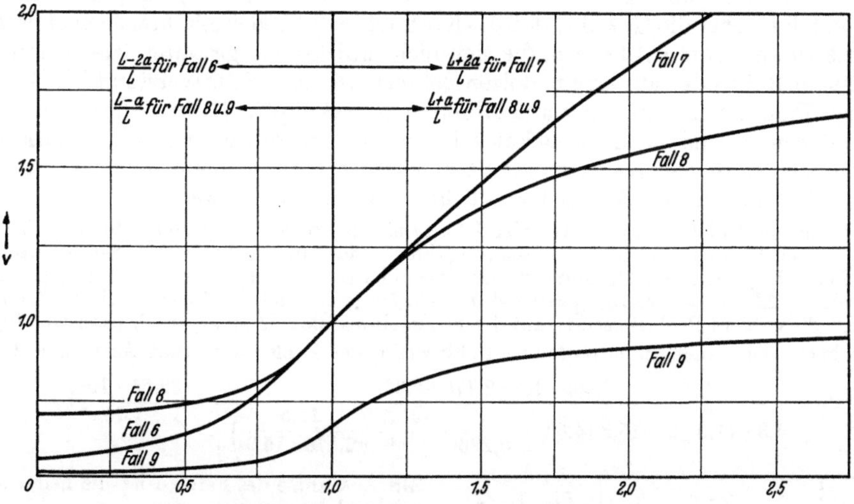

Abb. 74. v-Werte zu den Knickfällen 6—9 der Abb. 73.

Die Knicklast P_k läßt sich aus den folgenden Formeln errechnen. Sie gelten für Federn aus gehärtetem Federstahl mit dem Gleitmaß $G = 830\,000$ kg/cm². Bestehen die Federn aus einem anderen Werkstoff mit dem Gleitmaß G', so sind die nach den Formeln ermittelten P_k mit $\frac{G'}{830\,000}$ umzurechnen.

1. *Kreisquerschnitt vom Durchmesser d*

$$P_k = \frac{144\,000\,d^4}{i\,r\,v^2\,L\left[1 + 4{,}3\,\frac{r^2}{v^2\,L^2}\right]}\,. \tag{28}$$

2. *Quadratischer Querschnitt von der Seitenlänge b*

$$P_k = \frac{221\,000\,b^4}{i\,r\,v^2\,L\left[1 + 3{,}88\,\frac{r^2}{v^2\,L^2}\right]}\,. \tag{29}$$

3. *Rechteckquerschnitt*

a) Die größere Rechteckseite h steht senkrecht auf der Federachse (Abb. 55)

$$P_k = \frac{2\,605\,000\,n\,b^4}{i\,r\,v^2\,L\left[4{,}63 + \frac{1}{\eta_3} + \frac{45{,}7\,r^2}{n^2\,v^2\,L^2}\right]}\,. \tag{30}$$

b) Die kleinere Rechteckseite b steht senkrecht auf der Federachse.

$$P_k = \frac{2\,605\,000\, n\, b^4}{i\, r\, v^2\, L\left[\frac{4{,}63}{n^2} + \frac{1}{\eta_3} + \frac{45{,}7\, r^2}{v^2 L^2}\right]} . \tag{31}$$

Aus den Formeln für P_k ergibt sich die Knicksicherheit $\mathfrak{S}$ durch Dividieren des für eine Federlänge L gefundenen P_k mit der dieser Länge L entsprechenden, aus der Federkennlinie bekannten Federkraft P. Eine Feder ist knicksicher, wenn $\mathfrak{S} \geqq 1$ ist. Mit Rücksicht auf unvermeidliche Herstellungsungenauigkeiten, wie nicht vollkommene Parallelität der Federstirnflächen oder ganz leichte Krümmung der Federachse infolge Verziehens beim Vergüten und auf unvollkommene Einspannung und Führung der Federenden sollte mindestens $\mathfrak{S} = 2$ angestrebt werden. Bei geringer Knicksicherheit ist es ratsam, die Windungszahl i möglichst so zu wählen, daß sie eine ungerades Vielfaches von ½ ist, also $i = 1\tfrac{1}{2}, 2\tfrac{1}{2}, 3\tfrac{1}{2}$ usw. Es besteht dann eher die Gewähr, daß die Kraftachse der Feder mit ihrer geometrischen Achse zusammenfällt. Federn, die sich nicht knicksicher gestalten lassen, müssen in einem Rohr oder auf einem Bolzen geführt werden. Selbstverständlich ist eine solche Führung mit Reibung und Abnutzung verknüpft. Es ist daher besser, die Feder, wenn irgend angängig, in knicksichere Einzelfedern zu zerlegen und zwischen die Einzelfedern Federteller zu schalten, die ihrerseits in einem Zylinder oder auf einem im Innern der Federn befindlichen Bolzen geführt werden.

8. Zahlenbeispiel. Die im 7. Beispiel S. 70 ermittelte Feder aus Stahl soll für $L = 15{,}9$ cm und $P = 3500$ kg bei verschiedener Lagerung ihrer Enden auf Knicksicherheit geprüft werden. Die Feder hat folgende Abmessungen und Eigenschaften: $r = 11{,}5$ cm; $h = 5$ cm ($\perp$ Federachse); $b = 2{,}3$ cm; $n = 2{,}175$, $\eta_3 = 0{,}236$, $i = 5{,}3$, $f = 14$ cm und $L = 15{,}9$ cm bei $P = 3500$ kg.

Da die größere Rechteckseite h auf der Federachse senkrecht steht, ist P_k nach Gl. (30) zu berechnen. Diese Gleichung lautet nach Einsetzen der Zahlenwerte (mit Ausnahme des v)

$$P_k = \frac{2{,}605 \cdot 10^6 \cdot 2{,}175 \cdot 2{,}3^4}{5{,}3 \cdot 11{,}5 \cdot v^2 \cdot 15{,}9\left[4{,}63 + \frac{1}{0{,}236} + \frac{45{,}7}{v^2}\left(\frac{11{,}5}{2{,}175 \cdot 15{,}9}\right)^2\right]} = \frac{32{,}55 \cdot 10^3}{1 + 1{,}76\, v^2}\,\text{kg}.$$

Fall	a cm	$\frac{L \mp a}{a}$	v	P_k kg	$\mathfrak{S}$
1	—	—	1	11 800	3,38
2	—	—	1	11 800	3,38
3	—	—	0,5	22 700	6,55
4	—	—	0,666	18 250	5,22
5	—	—	2	4 050	1,15
8	—3	0,81	0,835	14 650	4,2
8	+3	1,19	1,18	9 450	2,7

Mit Ausnahme des Falles 5 ist die Feder ausreichend knicksicher.

9. Zahlenbeispiel. Diselbe Feder ist für Fall 5 bei verschiedenen Längen L zu untersuchen. Mit $v = 2$ lautet Gl. (30)

$$P_k = \frac{73{,}5 \cdot 10^3}{L + \frac{36}{L}}\,\text{kg}.$$

Die Längen L für verschiedene Federkräfte P ergeben sich aus der Gleichung $L = 29{,}9 - \frac{14}{3500} P$ cm. Daher

P kg	3500	2980	2470	1225	0
L cm	15,9	18	20	25	29,9
P_k kg	4050	3680	3380	2780	2365
$\mathfrak{S}$	1,15	1,24	1,37	2,27	∞

21. Die Querfederung. Es gibt, z. B. bei der Lagerung von Maschinengrundplatten auf Schraubenfedern, Fälle, in denen auf die Federn außer Kraftwirkungen in Richtung der Federachse auch *Querkräfte* ausgeübt werden, welche die ursprünglich gerade Federachse zu krümmen, also die Feder zu biegen bestrebt sind. Die Verhältnisse liegen offenbar ganz ähnlich wie bei der Biegung gerader, zusätzlich durch eine axiale Druckkraft belasteter Stäbe (s. Abb. 13, wo allerdings Q eine Zugkraft ist). Der praktisch wichtigste Fall ist der, daß eine an beiden Enden in Federtellern gelagerte Schraubenfeder, die durch die Axialkraft P auf die Länge L zusammengedrückt ist, nach Abb. 75 durch eine Querkraft Q seitlich um die *Querfederung* f_q ausgebogen wird. Es ist

$$f_q = \left\{\frac{1}{P}\left[\frac{2}{\varkappa}\operatorname{tg}\frac{\varkappa L}{2} - L\right] + \frac{L}{S}\right\} Q. \tag{32}$$

In dieser Formel ist $\varkappa = \sqrt{\dfrac{P}{B\left(1-\frac{P}{S}\right)}}$. Die Größen B und S errechnen sich für gehärteten Federstahl aus den Ausdrücken

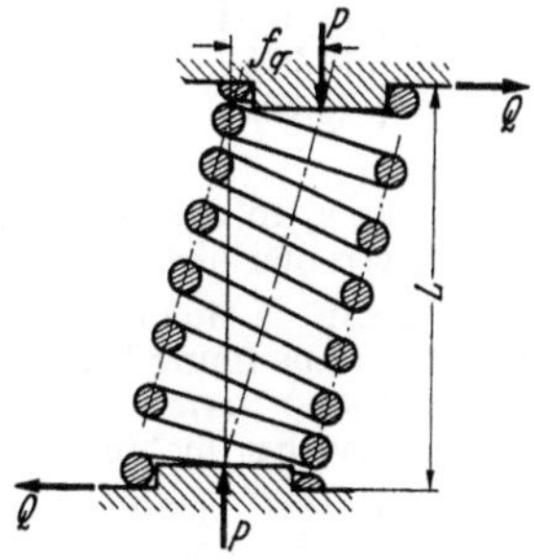

Abb. 75. Die Querfederung einer zylindrischen Schraubenfeder.

Kreisquerschnitt vom Durchmesser d

$$B = 14\,600\,\frac{L\,d^4}{i\,r}; \tag{33}$$

$$S = 33\,600\,\frac{L\,d^4}{i\,r^3}; \tag{34}$$

Quadratischer Querschnitt mit der Seitenlänge b

$$B = 22\,500\,\frac{L\,b^4}{i\,r}, \tag{35}$$

$$S = 57\,000\,\frac{L\,b^4}{i\,r^3}. \tag{36}$$

Für Werkstoffe mit anderem Gleitmaß G' sind die ermittelten B und S mit $\frac{G'}{830\,000}$ umzurechnen.

Das größte Biegemoment tritt an den Federenden auf und hat die Größe

$$M_{max} = \frac{Q}{\varkappa}\operatorname{tg}\frac{\varkappa L}{2}. \tag{37}$$

In der Federmitte, also bei $L/2$ ist $M_{max} = 0$. M_{max} ruft an den Federenden die zusätzlichen Spannungen

$$\max\tau' = \psi'\cos\alpha \cdot 5{,}093\,\frac{M_{max}}{d^3} \text{ bei Kreisquerschnitt,} \tag{38}$$

$$\max\tau' = \psi'\cos\alpha \cdot 4{,}8 \cdot \frac{M_{max}}{b^3} \text{ bei Quadratquerschnitt} \tag{39}$$

hervor (ψ' nach Abb. 66 oder 68), welche den durch die Axialkraft P hervorgerufenen Spannungen $\max\tau$ nach den Gl. (13) oder (22) hinzuzuzählen sind.

10. Zahlenbeispiel. Eine stählerne Schraubenfeder mit Kreisquerschnitt hat die Abmessungen $d = 0{,}6$ cm, $r = 2{,}725$ cm, $i = 7{,}25$, $L_0 = 13{,}925$ cm. Ihre Einheitsfederung nach Gl. (8) ist

$$C = \frac{f}{P} = \frac{64 \cdot 7{,}25 \cdot 20{,}25}{0{,}1295 \cdot 830000} = 0{,}0873 \text{ cm/kg}.$$

Die verschiedenen Axialkräften P zugeordnete Länge L läßt sich aus der Gleichung

$$L = L_0 - f = L_0 - CP = 13{,}925 - 0{,}0873\,P$$

errechnen. Setzt man die angegebenen Werte und den eben gewonnenen Ausdruck für L in die Gl. (33) und (34) ein, so ergibt sich

$$B = \frac{14600 \cdot 0{,}1295}{7{,}25 \cdot 2{,}725}(13{,}925 - 0{,}0873)\,P = 8{,}38\,(159{,}5 - P),$$

$$S = \frac{33600 \cdot 0{,}1295}{7{,}25 \cdot 20{,}25}(13{,}925 - 0{,}0873)\,P = 2{,}59\,(159{,}5 - P).$$

Hiernach ist B und S für verschiedene P leicht zu berechnen. Mit den gewonnenen Werten ermittelt man $\varkappa$ und schließlich nach Gl. (32) f_q. Wie Gl. (32) zeigt, ist die Kennlinie eine Gerade;

aber es entspricht jeder Axialkraft P, deren Größe wieder für L, B, S und $\varkappa$ bestimmend ist, eine andere Gerade, so daß sich ein *Büschel* gerader Kennlinien ergibt, das vom Koordinatenanfang $Q = 0$, $f_q = 0$ ausgeht. Weil die Kennlinien Gerade sind, genügt es, die *Einheitsquerkraft* $c_q = Q/f_q$ für die einzelnen P zu berechnen. In Tab. 5 sind die für verschiedene P errechneten L und c_q zusammengestellt.

Tabelle 5.

P kg	L cm	c_q kg/cm
7,45	13,275	4,865
22,35	11,975	4,495
37,25	10,665	4,09

Das beschriebene Berechnungsverfahren ist durch eingehende Versuche nachgeprüft worden[1]. Dabei hat sich gezeigt, daß Versuch und Rechnung nur dann befriedigend übereinstimmen, wenn die Zahl der an der Querfederung teilnehmenden Windungen genau bekannt ist, und wenn die Federenden *wirklich fest* eingespannt und nicht etwa bloß gemäß Abb. 75 in Federtellern gelagert sind. Bei Lagerung in Federtellern, die in allen Fällen, in denen eine große Zahl von Federn benötigt wird, z. B. bei der federnden Abstützung von Maschinengrundplatten, die einzig wirtschaftliche Art der Lagerung darstellt, sind die tatsächlichen c_q *viel* kleiner als die errechneten, so daß den Ergebnissen der Berechnung gegenüber größte Vorsicht geboten ist. Sie liefert den oberen, in Wirklichkeit nie erreichten Grenzwert für c_q und vermag insofern nicht mehr als einen gewissen Anhalt zu bieten. Alle Versuche, den Einfluß der unvollkommenen Einspannung bei Lagerung in Federtellern rechnerisch zu erfassen, sind bisher gescheitert und zwar vermutlich an der unterschiedlichen Güte des Planschliffes der Federenden. So bleibt zunächst nichts anderes übrig, als c_q an einigen Probefedern durch den Versuch zu bestimmen. Ganz grobe Irrtümer lassen sich schon dadurch vermeiden, daß man die den verschiedenen P entsprechenden L an einer Probefeder durch einen Belastungsversuch bestimmt und aus der auf diese Weise gewonnenen Einheits(längs-)federung $C = f/P$ nach Gl. (8) oder (16a) das Verhältnis G/i ermittelt und dieses Verhältnis, das auch in den Ausdrücken für B und S erscheint, der weiteren Berechnung zugrundelegt.

Die Spannungserhöhung infolge der Querfederung soll für $P = 37{,}25$ kg und $Q = 6$ kg berechnet werden. Für $P = 37{,}25$ kg ist nach Gl. (6) $\tau_R = 5{,}093 \cdot \frac{2{,}725}{0{,}6^3}\, 37{,}25 = 2395$ kg/cm² und mit $\psi' = 1{,}15$ (für $e = \frac{2r}{d} = \frac{2 \cdot 2{,}725}{0{,}6} = 9{,}1$ nach Abb. 66) nach Gl. (13) *genauer* ($\cos\alpha = 1$ gesetzt) $\max\tau = \psi'\tau_R = 1{,}15 \cdot 2395 = 2755$ kg/cm². Mit $L = 10{,}665$ cm nach Tab. 5 ergibt sich $B = 1024$, $S = 317$, $\varkappa = 0{,}2028$, $\operatorname{tg}\frac{\varkappa L}{2} = 1{,}8807$ und daher nach Gl. (37) $M_{max} = \frac{6}{0{,}2028} \times 1{,}8807 = 55{,}7$ cmkg und schließlich nach Gl. (38) ($\cos\alpha = 1$ gesetzt) $\max\tau' = 1{,}15 \cdot 5{,}093 \times \frac{55{,}7}{0{,}6^3} = 1510$ kg/cm² als zusätzliche Spannung in den Federenden infolge der Querkraft $Q = 6$ kg. Die Spannung in den Federenden beträgt also insgesamt $\max\tau + \max\tau' = 2755 + 1510 = 4265$ kg/cm².

22. Eigenschwingungen zylindrischer Schraubenfedern. Federn bilden nicht nur im Verein mit einer an ihrem Lastangriffspunkte angebrachten Masse ein Schwingungssystem, sondern sie sind auch vermöge ihrer über ihre ganze Länge hin verteilten Eigenmasse zu — meist höchst unerwünschten — Eigenschwingungen befähigt. Das gilt selbstverständlich auch für die zylindrischen Schraubenfedern; ihre Eigenschwingungen sind insofern von ganz besonderer Bedeutung, als diese Federart mit Vorliebe zur Steuerung raschbewegter Maschinenteile, z. B. der Ventile der Verbrennungskraftmaschinen, benutzt wird und daher der Gefahr, in Eigenschwingungen zu geraten und infolge der mit Eigenschwingungen stets verbundenen Spannungserhöhungen zu brechen, besonders häufig ausgesetzt ist. Die Behandlung des wichtigen Gebietes der Schraubenfederschwingungen muß sich hier auf die wichtigsten Hinweise beschränken. Im übrigen sei auf das Buch „Grosz und Lehr: Die Federn" verwiesen.

1. Freie Schwingungen. Wird einer in ihrer Längsrichtung schwingenden Feder keinerlei Energie zugeführt, so vollführt sie freie Schwingungen, die mit gleichbleibender Schwingungsweite unbegrenzt fortdauern würden, wenn sie nicht die stets mehr oder minder vorhandene Dämpfung unter Abnahme der Schwingungsweite allmählich zum Abklingen brächte. Das freie

[1] Vgl. Grosz und Lehr: Die Federn.

Ende einer *einseitig eingespannten* Schraubenfeder aus *Rundstahl* mit dem Durchmesser d vollführe Schwingungen mit der Schwingungsweite $A_l = \pm f$. Die Schwingungszahl (Zahl der Schwingungen in der Sekunde) läßt sich nach der Gleichung

(40) $$\nu_m = 4530 \frac{m\,d}{i\,r^2}$$

berechnen. m bedeutet die *Ordnungszahl* der Schwingung; sie kann bei einseitiger Einspannung die Werte 1, 3, 5, 7 usw. annehmen. Die Schwingungszahlen einer Feder mit $r = 2$ cm mittlerem Windungshalbmesser, $i = 8$ wirksamen Windungen und $d = 0{,}1$ cm Stahldurchmesser sind $\nu_m = 14{,}15\,m$, also 14,15; 42, 45; 70, 75 . . . Hertz. Bei der Schwingung 1. Ordnung, die auch *Grundschwingung* genannt wird, bewegen sich alle Teile der Feder mit Ausnahme des eingespannten Endes. Das freie Ende macht, wie schon erwähnt, Ausschläge $A_l = \pm f$ um die Ruhelage. Gegen das eingespannte Ende hin nimmt die Schwingungsweite ab, aber nicht geradlinig, also nach der Gleichung $A_x = \pm f \frac{x}{l}$, in der l die ganze Länge der abgewickelten Feder, x den auf der abgewickelten Feder gemessenen Abstand der gerade betrachteten Stelle der Feder von der Einspannstelle ($x = 0$) und A_x die Schwingungsweite dieser Stelle x bezeichnet, sondern nach eines Sinuslinie mit der Gleichung $A_x = \pm f \sin\left(\frac{\pi}{2}\frac{x}{l}\right)$. Zeichnet man diese Sinuslinie, die sogenannte *Schwingungsform*, auf, indem man A_x über x aufträgt, und legt an irgendeiner Stelle x die Tangente an die Sinuslinie, so ist ihr Neigungswinkel α_x gegen die x-Achse ein Maß für die an dieser Stelle in der Feder herrschende Spannung. Diese Tangente hat die Gleichung $\operatorname{tg}\alpha_x = \frac{\pi}{2}\frac{f}{l}\cos\left(\frac{\pi}{2}\frac{x}{l}\right)$. Für $x = l$ ist $\operatorname{tg}\alpha_l = 0$ wegen $\cos\frac{\pi}{2} = 0$, und für $x = 0$, also für das eingespannte Federende ist $\operatorname{tg}\alpha_0 = \frac{\pi}{2}\frac{f}{l}$ wegen $\cos 0 = 1$. Würde das freie Federende in *ruhendem Zustand* der Feder um $A_l = f$ ausgelenkt, so wäre offenbar die Spannung an allen Stellen x der Feder gleich groß, und die Gleichung für A_x eine Gerade mit dem Neigungswinkel

$$\operatorname{tg}\alpha_r = \frac{A_x}{x} = \frac{f}{l}.$$

Das Verhältnis

(41) $$\frac{\operatorname{tg}\alpha_x}{\operatorname{tg}\alpha_r} = \frac{\pi}{2}\cos\left(\frac{\pi}{2}\frac{x}{l}\right) \gtreqless 1$$

gibt nun an, ob die Spannung an einer Stelle x bei der mit der Schwingungsweite $A_l = f$ des freien Federendes *schwingender* Feder größer, gleich oder kleiner ist, als wenn das freie Ende *ruhend* um f ausgelenkt wäre. Für $x = l$ ist nach Gl. (41) $\frac{\operatorname{tg}\alpha_l}{\operatorname{tg}\alpha_r} = 0$ und für $x = 0$ $\frac{\operatorname{tg}\alpha_0}{\operatorname{tg}\alpha_r} = \frac{\pi}{2}$. Das besagt, daß das freie Federende ($x = l$) spannungslos ist, während an der Einspannstelle ($x = 0$) eine um das $\frac{\pi}{2}$-fache, d. h. um 57% höhere Spannung herrscht als bei *ruhend* ausgelenkter Feder. Die Stellen größter Bewegung, die *Schwingungsbäuche*, sind immer spannungslos, während die größte Spannung in den stets in Ruhe befindlichen Punkten der Feder, den *Schwingungsknoten*, auftritt. Eingespannte Stellen sind also stets Schwingungsknoten. Bei der mit der Grundschwingung schwingenden einseitig eingespannten Feder ist nur *ein* Schwingungsknoten ($x = 0$) und *ein* Schwingungsbauch ($x = l$) vorhanden. Bei den Schwingungen höherer Ordnung dagegen treten Schwingungsknoten auch an den Stellen $\frac{2}{m}\,l$, $\frac{4}{m}\,l$, $\frac{6}{m}\,l$, $\frac{8}{m}\,l$ usw. auf, also z. B. für $m = 5$ an den Stellen 0, $\frac{2}{5}\,l$ und $\frac{4}{5}\,l$, während sich Schwingungsbäuche immer zwischen je zwei Knoten, also bei $\frac{l}{5}$, $\frac{3}{5}\,l$ und l ausbilden. Die Spannung in den Knoten einer in den Schwingungsbäuchen mit der Schwingungsweite $A_l = \pm f$ schwingenden, einseitig eingespannten Feder ist *allgemein* das $m\frac{\pi}{2}$fache der Spannung, die in der am freien Ende um f *ruhend* ausgelenkten Feder auftritt.

Ist die Feder an *beiden* Enden eingespannt, so sind ihre Eigenschwingungszahlen

$$\nu_m = 9060 \frac{m\,d}{i\,r^2} \tag{42}$$

mit $m = 1, 2, 3, 4 \ldots$ Schwingungsknoten treten außer bei $x = 0$ und $x = l$ an den Stellen $\frac{l}{m}, \frac{2}{m}l, \frac{3}{m}l, \frac{4}{m}l$ usw. auf, also beispielsweise für $m = 4$ bei $\frac{l}{4}, \frac{l}{2}$ und $\frac{3}{4}l$.

2. Erzwungene Schwingungen[1]**.** Das eine Ende einer zylindrischen Schraubenfeder sei eingespannt, das andere werde in Richtung der Federachse nach einem Sinusgesetz mit den Größtausschlägen $\pm h$ hin und her bewegt. Dieser Fall läge vor, wenn das Federende durch eine Kurbelschleife mit dem Kurbelkreishalbmesser h gesteuert würde, deren Welle mit der Drehzahl $n = 60\,\nu$ in der Minute umläuft. Er ist in reiner Form eigentlich nur bei Dauerprüfmaschinen verwirklicht; aber z. B. die Umrißlinie des Steuernockens der Ventilsteuerungen stellt stets eine Überlagerung von Sinus- und Cosinuslinien dar, und die Zwangsbewegung setzt sich daher aus überlagerten Sinus- und Cosinusschwingungen, den sogenannten *Harmonischen*, verschiedener Schwingungsweiten h_m zusammen, deren Schwingungszahlen ganze Vielfache m der sekundlichen Drehzahl ν des Steuernockens sind. Alle periodischen Zwangsbewegungen des Federendes lassen sich also auf die erwähnte sinusförmige Bewegung zurückführen, sofern man nur annimmt, daß der Kurbelkreishalbmesser der Kurbelschleife gleich der Schwingungsweite h_m und ihre sekundliche Drehzahl gleich der Schwingungszahl ν'_m einer der Harmonischen ist. Schwingungszahl und Schwingungsweite der durch die Umrißlinie und die Drehzahl des Steuernockens bedingten Ventilerhebungskurve lassen sich durch die *harmonische Analyse*, etwa nach dem Verfahren von Runge, bestimmen. Die Harmonischen der Ventilerhebungskurve müssen für die störenden und oft zu vorzeitigem Bruch führenden Schwingungen verantwortlich gemacht werden, die sich an den Ventilfedern rasch laufender Kraftmaschinen häufig beobachten lassen. Diese Schwingungen erreichen nämlich ihre größte Schwingungsweite immer dann, wenn die Nockendrehzahl und eine der Eigenschwingungszahlen der Feder nach Gl. (42) in einem ganzzahligen Verhältnis zueinander stehen. In diesem Falle liegt *Resonanz* vor, und die Schwingungsweite müßte eigentlich unendlich groß werden, wenn sie durch die stets vorhandene Dämpfung, wie sie schon durch die die Feder umgebende Luft hervorgerufen wird, nicht auf endliche Werte herabgedrückt würde. Die Schwingungsweite ist aber auch schon dann größer als die Schwingungsweite h_m der erregenden Harmonischen der Ventilerhebungskurve, wenn die Schwingungszahl ν'_m einer Harmonischen *in der Nähe* einer der Eigenschwingungszahlen ν_m der Feder liegt, wenn sich also das *Abstimmungsverhältnis* $w = \frac{\nu'_m}{\nu_m}$ nicht wesentlich von den Zahlen 1, 2, 3 usw. unterscheidet.

Von besonderer Bedeutung sind die durch die erzwungenen Schwingungen bedingten *Spannungserhöhungen*, d. h. die Spannungssteigerungen gegenüber der um den Betrag h_m *ruhend* gedehnten oder zusammengedrückten Feder. Sie sind selbstverständlich wieder am größten in den Schwingungsknoten. Bei Resonanz liegen diese an den Stellen $x = 0, \frac{l}{m}, \frac{2}{m}l, \frac{3}{m}l$ usw., und die Spannungserhöhung ist *theoretisch* unendlich groß. Bei der Abstimmung $w \neq 1, 2,$ 3 usw. liegen die Knoten an den Stellen $0, \frac{l}{w}, \frac{2}{w}l, \frac{3}{w}l$ usw., und die Spannungserhöhung wäre gegeben durch den Ausdruck $\pi \cdot w/\sin(\pi w)$, wenn jede Dämpfung fehlte. Die *wirkliche* Spannungserhöhung läßt sich dadurch ermitteln, daß man die *Schwingungsform* der Feder, d. h. ihre Gestalt in dem Augenblick, in dem alle ihre Punkte am weitesten aus der Ruhelage ausgelenkt sind, stroboskopisch aufnimmt und Tangenten an diese Kurve legt. Das Verhältnis der Neigung dieser Tangenten gegen die x-Achse zu der Neigung $\operatorname{tg} \alpha_r = \frac{h}{l}$ der Geraden, die durch die Nockenhöhe h und die Länge l der Feder im abgewickelten Zustand bestimmt ist, gibt die wirkliche Spannungserhöhung gegenüber der um die Nockenhöhe h *ruhend* gedehnten oder zusammengedrückten Feder.

Federschwingungen lassen sich am wirksamsten dadurch vermeiden, daß man Resonanzen bis zu hohen Ordnungen überhaupt unmöglich macht, d. h. einerseits die Eigenschwingungszahlen der Feder so hoch legt, wie es die Dauerfestigkeit des Werkstoffes nur irgend zuläßt, und anderseits durch geeignete Gestaltung des Nockenumrisses Harmonische hoher Ordnung nach Möglichkeit vermeidet.

[1] Lehr, E.: Schwingungen in Ventilfedern. Z. VDI Bd. 77 (1933) S. 457.

B. Die Kegelstumpffedern.

Diese Federart, von der die Abb. 54 und 56 Beispiele zeigen, unterscheidet sich von der zylindrischen Schraubenfeder hauptsächlich dadurch, daß der mittlere Windungshalbmesser nicht unveränderlich ist, sondern von einem kleinsten Wert r_o auf einen größten Wert r_l wächst.

23. Die üblichen Berechnungsformeln. Die übliche Berechnung beschränkt sich auf Federn, deren Querschnitt in allen wirksamen Windungen dieselbe Größe und Gestalt hat. Mit den Bezeichnungen der Abb. 54 und 56 und mit $l = \pi\, i\,(r_l + r_o)$ ist

a) Kreisquerschnitt (Abb. 54)

(43) $$\tau_{lR} = 5{,}093\,\frac{r_l}{d^3}\,P,$$

(44) $$f = 16\,\frac{i\,(r_l + r_o)\,(r_l^2 + r_o^2)\,P}{d^4\,G} = \frac{5{,}093\,l\,(r_l^2 + r_o^2)\,P}{d^4\,G},$$

(45) $$f = \frac{l\,(r_l^2 + r_o^2)}{r_l\,d\,G}\,\tau_{lR},$$

(46) $$k = \frac{1}{8}\,\frac{r_l^2 + r_o^2}{r_l^2}.$$

b) Rechteckquerschnitt (Abb. 56)

(47) $$\tau_{lR} = \frac{r_l}{\eta_2\,n\,b^3}\,P,$$

(48) $$f = \frac{\pi}{2}\,\frac{i\,(r_l + r_o)\,(r_l^2 + r_o^2)\,P}{\eta_3\,n\,b^4\,G} = \frac{1}{2}\,\frac{l\,(r_l^2 + r_o^2)\,P}{\eta_3\,n\,b^4\,G},$$

(49) $$f = \frac{1}{2}\,\frac{\eta_2}{\eta_3}\,\frac{l\,(r_l^2 + r_o^2)}{r_l\,b\,G}\,\tau_{lR},$$

(50) $$k = \frac{1}{4}\,\frac{\eta_2^2}{\eta_3}\,\frac{r_l^2 + r_o^2}{r_l^2}.$$

Die größte Spannung τ_{lR} tritt am größten Halbmesser r_l auf; sie kann nach den unter 17 und 18 angegebenen genaueren Formeln Gl. (13) für Kreisquerschnitt und Gl. (24) und (27) für Rechteckquerschnitt ($h \parallel$ Federachse) genauer berechnet werden. Die kleinste Spannung τ_{oR} herrscht am kleinsten Halbmesser r_o; sie ergibt sich aus den Gl. (43) und (47), wenn man r_l durch r_o ersetzt.

Mit $r_o = 0$ gelten die Gl. (43) bis (50) für *Kegelfedern*, die allerdings höchstens von theoretischer Bedeutung sind.

Zahlenbeispiel: Es ist eine Kegelstumpffeder nach Abb. 56 mit $i = 4{,}5$ Windungen aus Stahl $7{,}5 \times 0{,}5$ cm² zu entwerfen und zu untersuchen. Der kleinste mittlere Windungshalbmesser soll $r_o = 2$ cm betragen.

Mit Rücksicht auf das radiale Spiel δ_r, das zwischen benachbarten Windungen verbleiben muß, ist $r_l = r_o + i\,(b + \delta_r)$ und mit dem üblichen Wert $\delta_r = 0{,}2$ cm im vorliegenden Falle

$$r_l = 2 + 4{,}5\,(0{,}5 + 0{,}2) = 5{,}15 \text{ cm}. \quad \text{Mit } n = \frac{h}{b} = \frac{7{,}5}{0{,}5} = 15$$

und $\eta_2 = \eta_3 = 0{,}32$ ist nach Gl. (47)

$$\tau_{lR} = \frac{5{,}15}{0{,}32 \cdot 15 \cdot 0{,}125}\,P = 8{,}58\,P \text{kg/cm}^2.$$

Für $\tau_{lR} = 7500$ kg/cm² ist $P = 875$ kg. An der Stelle $r = r_o = 2$ cm tritt die kleinste Spannung

$$\tau_{oR} = \frac{2}{0{,}32 \cdot 15 \cdot 0{,}125}\,875 = 2915 \text{ kg/cm}^2$$

auf. Mit $e_i = \frac{5{,}15}{0{,}25} = 20{,}6$ und $e_0 = \frac{2}{0{,}25} = 8$ liefert Gl. (27) die genaueren Spannungswerte

$$\max \tau_i = 1{,}5 \frac{20{,}6 + 1}{0{,}25\,(15 - 0{,}36)} 875 = 7890 \text{ kg/cm}^2$$

und

$$\max \tau_0 = 1{,}5 \frac{8 + 1}{0{,}25\,(15 - 0{,}36)} 875 = 3290 \text{ kg/cm}^2 .$$

Die Federung ist nach Gl. (48)

$$f = \frac{\pi}{2} \frac{4{,}5\,(5{,}15 + 2)\,(26{,}5 + 4)}{0{,}32 \cdot 15 \cdot 0{,}0625 \cdot 830000} 875 = 5{,}425 \text{ cm} .$$

Bei der Beurteilung des Raumbedarfs ist zu beachten, daß Kegelstumpffedern bei r_0 und r_i mit je $^3/_4$ oder besser je *einer toten*, ohne Steigung gewickelten und meist in der Dicke abnehmenden Windung versehen werden müssen, um eine gute Auflage der Federenden zu erzielen (s. Abb. 56). Diese toten Endwindungen verringern bei gegebenem Innen- und Außendurchmesser den verfügbaren Raum.

24. Der Einfluß des Steigungsverlaufes. Nach den Gl. (44) und (48) ist die Kennlinie der Kegelstumpffedern eine *Gerade*, sofern bis zum Erreichen der Last P, für die f ermittelt werden soll, alle i-Windungen mitarbeiten. Das ist aber nicht ohne weiteres der Fall. Bei einer Feder unveränderlichen Querschnittes nach Abb. 56, deren Steigungswinkel α in allen Windungen dieselbe Größe hat, ist die Federungsmöglichkeit der äußersten Windungen schon bei kleineren Federlasten P dadurch erschöpft, daß sich diese Windungen auf den unteren Federteller — oder bei Federn nach Abb. 54 aufeinander — legen und nicht mehr mitarbeiten. Infolgedessen wird die Federungszunahme bei weiterer Laststeigerung immer kleiner, und es ergibt sich eine nach Abb. 2 gekrümmte Kennlinie, die nur bei kleineren Lasten mit der Geraden nach Gl. (44) oder (48) zusammenfällt. Selbstverständlich sind dann auch die Spannungen nach Gl. (43) und (47) nicht mehr richtig. Die gerade Kennlinie hat einen ganz bestimmten *Steigungsverlauf* zur Voraussetzung, der sich aber nur schwer verwirklichen läßt. Anderseits strebt man aber bei Kegelstumpffedern, wenn sie als Pufferfedern dienen sollen, eine gekrümmte Kennlinie geradezu an und führt die Federn zu diesem Zweck mit veränderlichem Querschnitt aus. Der Einfluß des Steigungs- und Querschnittsverlaufs ist in dem Buch „Die Federn“ von Grosz und Lehr eingehend behandelt. Allerdings können die bisher bekannten Berechnungsverfahren im wesentlichen nur dazu dienen, eine bereits vorliegende Feder *nachzurechnen*. Der sicherste und einfachste Weg, für einen bestimmten Zweck eine geeignete Kegelstumpffeder zu finden, ist heute immer noch der Versuch. Dem Konstrukteur kann daher nur geraten werden, sich unter Angabe des Verwendungszweckes und der Arbeitsweise der benötigten Feder an die Federfabriken zu wenden, die über eine große Zahl erprobter Ausführungen verfügen. Allerdings handelt es sich dabei entsprechend dem Hauptanwendungsgebiet der Kegelstumpffedern überwiegend um ausgesprochene Pufferfedern, d. h. um Federn, für die man, weil sie nur verhältnismäßig selten in Tätigkeit zu treten brauchen, hohe Spannungen zuläßt. Für Dauerbeanspruchungen, für welche die Kegelstumpffedern an sich schon weniger geeignet sind, wird eine brauchbare Feder häufig erst besonders entwickelt werden müssen. Es sei schließlich noch bemerkt, daß sich ein Berühren der Windungen bei Federn nach Abb. 56 eigentlich nie ganz vermeiden läßt, und daß daher diese Federn wie die geschichteten Blattfedern immer mit Reibung arbeiten.

Kegelstumpffedern dürfen aus denselben Gründen, die bei der Behandlung der zylindrischen Schraubenfedern auf S. 59 schon ausführlich erörtert sind, im Gebrauch nie vollständig zusammengedrückt werden. Um dies unter allen Umständen zu verhüten, ist eine besondere Hubbegrenzung vorzusehen.

Dritter Teil:

Zug- und Druckfedern.

Zug- und Druckfedern werden, wie schon ihr Name sagt, überwiegend auf Zug oder Druck beansprucht. Jedes Förderseil, das sich durch die geförderte Last elastisch dehnt, ist eine Zugfeder. Der Vorteil dieser Art Federn liegt darin, daß sie über den ganzen Querschnitt und über ihre ganze Länge gleich hoch beansprucht sind, und daher hinsichtlich der Werkstoffausnutzung (es ist $k = \frac{1}{2}$) von keiner andern Federart erreicht werden. Um so schlechter nutzen aber stabförmige Zug- oder Druckfedern den *Raum* aus; sie können daher nur in den seltensten Fällen verwendet werden. Dagegen haben ringförmige Zug- und Druckfedern große Verbreitung gefunden.

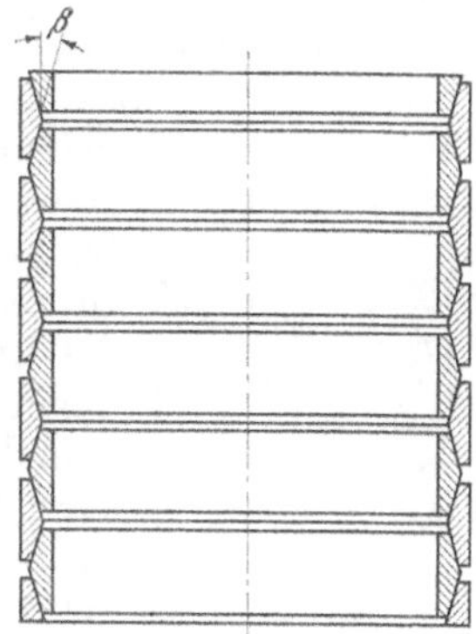

Abb. 76. Ringfeder.

25. Die Ringfeder. Diese von E. KREISZIG[1] erfundene Federart ist in Abb. 76 dargestellt. Sie besteht aus Außen- und Innenringen, die mit Doppelkegelflächen ineinandergreifen. Eine in Richtung der Federachse wirkende Belastung P wird durch die Kegelflächen in weit größere radiale Kräfte umgeformt, welche die Außenringe elastisch aufweiten und die Innenringe elastisch zusammendrücken. Infolge dieser Durchmesseränderungen schieben sich die Ringe weiter ineinander und die Federsäule wird um die Federung f kürzer. Beim Entlasten nimmt sie wieder ihre ursprüngliche Länge L_0 an. Bei den in den Ringen auftretenden Spannungen handelt es sich um Zugspannungen in den Außenringen und um Druckspannungen in den Innenringen. Selbstverständlich verschieben sich die Ringe auch bei bester Schmierung nur unter beträchtlicher Reibung gegeneinander. Wie bei den geschichteten Blattfedern wirkt die Reibung der Bewegung immer entgegen; sie vermehrt also den Widerstand der Ringfeder beim Belasten und mindert die Rückstoßkraft beim Entlasten. Die Ringfeder ist infolgedessen die denkbar beste Pufferfeder und findet als solche auch in erster Linie Verwendung. Sie gibt nur etwa $^1/_3$ der beim Zusammendrücken aufgenommenen Stoßarbeit wieder zurück. Bezeichnet β gemäß Abb. 76 und 77 den Kegelwinkel, ϱ den Reibungswinkel (die Reibungszahl μ ist mit dem Reibungswinkel ϱ durch die Beziehung $\mu = \operatorname{tg} \varrho$ verknüpft) und P_0 die allein von der *elastischen* Verformung der Ringe herrührende Federkraft, so ist die Federkraft P beim Zusammendrücken

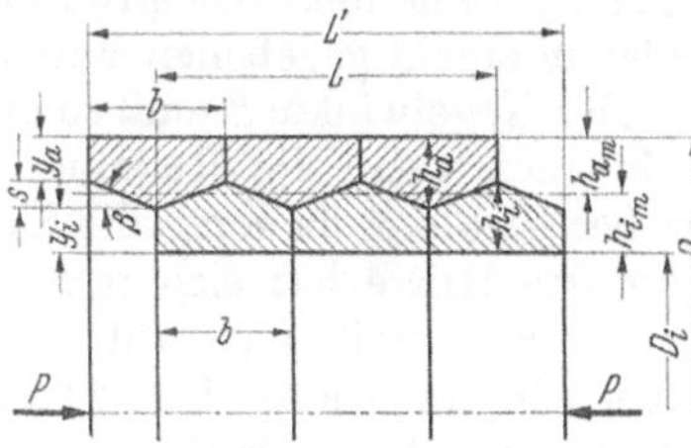

Abb. 77. Zur Ringfederberechnung.

$$P = \frac{\operatorname{tg}(\beta + \varrho)}{\operatorname{tg}\beta} P_0, \tag{1}$$

beim Entlasten dagegen *theoretisch* nur

$$P' = \frac{\operatorname{tg}(\beta - \varrho)}{\operatorname{tg}\beta} P_0, \tag{2}$$

d. h. beim Entlasten muß die Belastung P nach Gl. (1) auf den Wert P' nach Gl. (2) sinken, bevor die Feder sich zu entspannen beginnt. Belastungs- und Entlastungs-

[1] KREISZIG, E.: Die Berechnung des Eisenbahnwagens. Ernst Stauf Verlag, Köln-Lindenthal.

linie sind Gerade, wie Abb. 78 zeigt. Beim Belasten wird die Arbeit $A_b = \frac{Pf}{2}$ aufgenommen (senkrecht und waagerecht überstrichene Flächen der Abb. 78); die Feder gibt beim Entlasten nur die Arbeit $A_e = \frac{P'f}{2}$ zurück (waagerecht überstrichene Fläche; die durch die senkrecht überstrichene Fläche gekennzeichnete Arbeit $A_v = \frac{P - P'}{2} f$ wird in der Feder in Reibungswärme umgesetzt und vernichtet. Allerdings liefert Gl. (2) zu kleine Rückstoßkräfte P'; in Wirklichkeit verhält sich die Ringfeder so, als ob der Reibungswinkel ϱ beim Entlasten kleiner wäre als beim Belasten. Infolgedessen ist $P' \approx {}^1/_3\, P$ und $A_v \approx {}^2/_3\, A_b = {}^2/_3\, (A_v + A_e)$ und nicht $P' \approx 0{,}2\, P$ und $A_v \approx 0{,}8\, A_b$, wie Gl. (2) vortäuscht, wenn man mit demselben Reibungswinkel ϱ für Belasten und Entlasten rechnet. Bei gewalzten und nicht weiter bearbeiteten Ringen ist beim Belasten mit einem Reibungswinkel ϱ von etwa 6° bis etwa 9° (das ist $\mu \approx 0{,}10$ bis $\mu \approx 0{,}16$) zu rechnen. ϱ liegt um so näher der unteren Grenze, je dicker die Ringe im Verhältnis zu ihrem Durchmesser sind. Vermutlich hängt diese Erscheinung damit zusammen, daß sich die Ringe bei dem der Formgebung folgenden Vergüten trotz aller Sorgfalt etwas verziehen und leicht elliptisch werden. In der geschichteten Säule bilden die Ellipsenachsen der einzelnen Ringe die verschiedensten Winkel miteinander. Beim Belasten der Säule verschwindet daher die Elliptizität der Ringe mehr oder minder; ihr Verschwinden liefert eine zusätzliche Federung und täuscht ein kleineres ϱ vor und zwar in um so stärkerem Maße, je kleiner die eigentliche Federung der Ringe, d. h. je dicker der Ring im Verhältnis zu seinem Durchmesser ist. Jedenfalls wird der Konstrukteur gut daran tun, seinen Entwurf durch den Hersteller prüfen zu lassen und gegebenenfalls zunächst nur eine Probefeder zu bestellen. Die Richtwerte für ϱ und die nachstehend angegebenen Berechnungsformeln sollen in erster Linie dem Konstrukteur darüber Klarheit verschaffen, ob sich eine Ringfeder in einem gegebenen Fall vorsehen läßt und wie sie etwa aussehen wird.

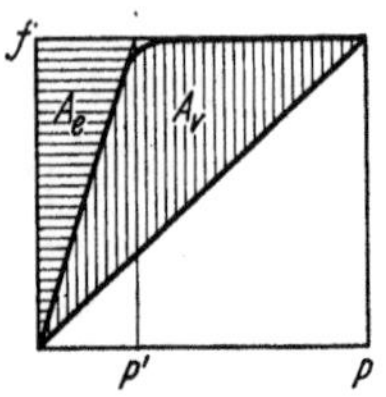

Abb. 78. Ringfederkennlinie.

Der Kegelwinkel β muß so groß gewählt werden, daß er unter allen Umständen, d. h. auch wenn die Reibung infolge mangelhafter Schmierung stark anwächst, größer ist als ϱ, da sonst die Säule, wie Gl. (2) erkennen läßt, steckenbleibt. Für gewalzte Ringe hat sich $\operatorname{tg} \beta = 0{,}25$ bis $0{,}3$ als zweckmäßig erwiesen.

Die Ringbreite b (s. Abb. 77) darf im Verhältnis zum Ringdurchmesser nicht zu klein sein, da sich die Ringe sonst infolge ungenügender Führung der Kegelflächen leicht verkanten. Als Richtlinie mag die Angabe dienen, daß b etwa ${}^1/_5$ des Säulen-Außendurchmessers D_a sein soll, jedenfalls aber nicht kleiner als ${}^1/_6$. Anderseits dürfen die Ringe im Verhältnis zu ihrer Dicke auch nicht zu breit sein, da sie sich sonst infolge zu rascher Abkühlung schlecht walzen lassen.

In Abb. 77 ist eine aus je 3 Außenringen und je 3 Innenringen, also aus insgesamt $z = 6$ Ringen bestehende Säule dargestellt und zwar in völlig zusammengedrücktem Zustand. Es sei aber bemerkt, daß eine Ringfedersäule nicht völlig zusammengedrückt werden soll und zwar aus denselben Gründen, wie sie für die zylindrischen Schraubenfedern (vgl. S. 59) auseinandergesetzt worden sind. Zweckmäßigerweise wird daher zwischen benachbarten Außen- oder Innenringen ein Spalt δ vorgesehen, der auch bei höchstmöglicher Zusammendrückung der Säule allermindestens 0,1 cm betragen sollte. Besser ist es, ihn größer zu wählen und zwar um so mehr, je größer die Abmessungen der Ringe sind.

Das eigentlich wirksame Stück der ganz zusammengedrückten Säule nach Abb. 77 hat die Länge L. Die Säule könnte also strenggenommen links mit einem *halben* Außenring beginnen und rechts mit einem *halben* Innenring aufhören, wie dies bei der Säule nach Abb. 76 auch tatsächlich der Fall ist. Der Einfachheit halber verwendet man aber gemäß Abb. 77 auch als Endringe *ganze* Ringe und nimmt die geringe Vergrößerung von L auf $L' = L + b$ in Kauf. Die einseitige Beanspruchung der ganzen Endringe hat bisher nie zu Anständen geführt, und die Rückwirkung auf die Kennlinie ist bei größeren Ringzahlen ganz belanglos.

Unter der Voraussetzung, daß Außen- und Innenringe gleichen Querschnitt haben und daher gleich hoch beansprucht sind, gelten die Formeln

$$\sigma = \frac{4P}{\pi b (D_a - D_i) \operatorname{tg}(\beta + \varrho)}, \tag{3}$$

$$f = \frac{2(z-1)}{\pi b E \operatorname{tg}\beta \cdot \operatorname{tg}(\beta + \varrho)} \frac{D_a + D_i}{D_a - D_i} = \frac{(z-1)^2}{\pi L E \operatorname{tg}\beta \cdot \operatorname{tg}(\beta + \varrho)} \frac{D_a + D_i}{D_a - D_i} P, \tag{4}$$

$$f = \frac{z-1}{2} \frac{D_a + D_i}{E \operatorname{tg}\beta} \sigma = \frac{L}{b} \frac{D_a + D_i}{E \operatorname{tg}\beta} \sigma, \tag{5}$$

$$A = \frac{Pf}{2} = \frac{\pi}{8} \frac{\operatorname{tg}(\beta + \varrho)}{\operatorname{tg}\beta} (D_a^2 - D_i^2 \frac{\sigma^2}{E} = \frac{1}{2} \frac{\operatorname{tg}(\beta + \varrho)}{\operatorname{tg}\beta} \frac{V}{E} \sigma^2, \tag{6}$$

$$V = \frac{\pi}{4} (D_a^2 - D_i^2) L, \tag{7}$$

$$k = \frac{1}{2} \frac{\operatorname{tg}(\beta + \varrho)}{\operatorname{tg}\beta}. \tag{8}$$

Die in diesen Formeln erscheinende Länge L (vgl. Abb. 77) einer aus z Ringen bestehenden Säule ist

$$L = \frac{z-1}{2} b. \tag{9}$$

Die Länge L' ist $L + b$, also $L' = \frac{z+1}{2} b$. Mit dem erwähnten Sicherheitsspalt δ, der $\frac{z-1}{2}$ mal vorkommt, ergibt sich als Federlänge L_p bei der größten Last P das Maß

$$L_p = L + b + \frac{z-1}{2} \delta = L' + \frac{z-1}{2} \delta = \frac{1}{2} [(z+1)\, b + (z-1)\delta]. \tag{10}$$

Hieraus folgt die Länge L_0 in *unbelastetem* Zustand durch Hinzuzählen der Federung f, also $L_0 = L_p + f$.

Zahlenbeispiel: Es ist eine für Pufferzwecke bestimmte Ringfedersäule für $f = 8{,}0$ cm bei $P = 28000$ kg zu entwerfen. Die Spannung σ darf 10000 kg/cm² und der Außendurchmesser D_a 16,5 cm nicht überschreiten. In belastetem Zustand soll die Feder die Länge $L_p = 53$ cm haben. Hiernach muß die Feder beim Belasten mit $P = 28000$ kg die Arbeit

$$A = \frac{Pf}{2} = \frac{28000 \cdot 8}{2} = 112000 \text{ cmkg}$$

aufnehmen. Schätzt man die Ringbreite b auf 3,0 cm und die Summe $\frac{z-1}{2}\delta$ der Spaltbreiten ebenfalls auf 3,0 cm, so ist nach Gl. (10)

$$L = L_p - b - \frac{z-1}{2} \delta = 53{,}0 - 3{,}0 - 3{,}0 = 47 \text{ cm}.$$

Als Kegelwinkel werde $\beta = 14°\,3'$ gewählt, also $\operatorname{tg}\beta = 0{,}25$; der Reibungswinkel ϱ soll zu $9°\,6'$ angenommen werden, also $\beta + \varrho = 23°\,9'$ und $\operatorname{tg}(\beta + \varrho) = 0{,}4276$. Drückt man aus der ersten Form der Gl. (6) D_i^2 aus und setzt alle bekannten Werte ein, so folgt mit $E = 2100000$ kg/cm²

$$D_i^2 = D_a^2 - \frac{8 A \operatorname{tg}\beta\, E}{\pi \operatorname{tg}(\beta + \varrho) L \sigma^2} = 16{,}5^2 - \frac{8 \cdot 112000 \cdot 0{,}25 \cdot 2100000}{\pi \cdot 0{,}4276 \cdot 47 \cdot 10000^2} = 272{,}5 - 74{,}5 = 198 \text{ cm}^2$$

und $D_i \approx 14$ cm. Nach Gl. (9) ist $(z-1) \cdot b = 2L = 2 \cdot 47 = 94$ cm. Dieser Bedingung genügt u. a. das Wertepaar $z = 32$ und $b = 3{,}04$ cm ausreichend genau $(31 \cdot 3{,}04 = 94{,}24)$. Die Spaltweite ist nach Gl. (10)

$$\delta = \frac{2\,(L_p - L - b)}{z - 1} = \frac{2\,(53 - 47 - 3{,}04)}{31} = \frac{5{,}92}{31} \approx 0{,}19 \text{ cm}.$$

Mit der Kegelsteigung $s = \frac{b}{2}\,\mathrm{tg}\,\beta = 1{,}52 \cdot 0{,}25 = 0{,}38$ cm. (s. Abb. 77) sind die größten Ringstärken $h_a = h_i = \frac{D_a - D_i}{4} + \frac{s}{2} = \frac{16{,}5 - 14}{4} + \frac{0{,}380}{2} = 0{,}625 + 0{,}19 = 0{,}815$ cm, und die Seitenstärken $y_a = y_i = \frac{D_a - D_i}{4} - \frac{s}{2} = 0{,}625 - 0{,}19 = 0{,}435$ cm. Damit sind alle wichtigen Maße berechnet. Der Vollständigkeit halber sei noch die Kennzahl k ermittelt. Es ist nach Gl. (8) $k = \frac{1}{2}\,\frac{0{,}4276}{0{,}25} = 0{,}855$. Dieser Wert ist so außerordentlich hoch, weil die Reibungsarbeit zu der elastischen Arbeit der Feder ($k = 1/2$) noch hinzukommt.

Der Entwurf ist bisher so durchgeführt worden, daß Außen- und Innenringe gleich hoch beansprucht werden. Nun ist aber die Bruchgefahr bei gezogenen Körpern viel größer als bei gedrückten; insbesondere liegt die Druckdauerfestigkeit wesentlich höher als die Zugdauerfestigkeit. Es ist daher zweckmäßig, die Ringe dauerbeanspruchter Federn nach der Dauerzug- und Dauerdruckfestigkeit des Werkstoffes zu bemessen, d. h. bei den Innenringen mit der Spannung bis nahe an die Streckgrenze zu gehen und diese Streckgrenze durch Vergüten auf hohe Festigkeit möglichst zu erhöhen. Auch bei der Feder des vorliegenden Beispieles, die eine ausgesprochene, also verhältnismäßig selten bis zur Höchstlast beanspruchte Pufferfeder darstellen soll, empfiehlt es sich, die Ringe nicht gleichmäßig mit $\sigma = 10000$ kg/cm² zu beanspruchen, sondern die Spannung der Innenringe um 1500 kg/cm² auf $\sigma_i = 11500$ kg/cm² zu erhöhen und die Außenringe dafür entsprechend mit nur $\sigma_a = 10000 - 1500 = 8500$ kg/cm² zu beanspruchen. Um dies zu erreichen, ist es nur notwendig, die für $\sigma = 10000$ kg/cm² gleichgroßen *mittleren* Ringstärken $h_{am} = h_{im} = \frac{D_a - D_i}{4} = 0{,}625$ cm (vgl. Abb. 77) für den Außenring im Verhältnis $\sigma_i/\sigma = 11500/10000 = 1{,}15$ und für den Innenring im Verhältnis $\sigma_a/\sigma = 8500/10000 = 0{,}85$ umzurechnen. Die Ringe sind also mit $h_{am} = 0{,}625 \cdot 1{,}15 = 4{,}72$ cm und $h_{im} = 0{,}625 \cdot 0{,}85 = 0{,}53$ cm auszuführen. Die Summe $h_{am} + h_{im} = 0{,}72 + 0{,}53 = 1{,}25$ cm ist wieder ebenso groß wie für gleiche Beanspruchung σ (nämlich $2 \cdot 0{,}625 = 1{,}25$ cm). Die Spannungen verhalten sich umgekehrt wie die Ringquerschnitte oder, wegen der gleichen Breite b der Außen- und Innenringe, wie die mittleren Ringstärken, also

$$\frac{\sigma_a}{\sigma_i} = \frac{h_{im}}{h_{am}}. \quad \text{Da} \quad \frac{\sigma_a}{\sigma_i} = \frac{8500}{11500} = 0{,}74 \quad \text{und} \quad \frac{h_{im}}{h_{am}} = \frac{0{,}53}{0{,}72} = 0{,}74$$

ist, wird die gewünschte Abstufung der Spannungen durch die beschriebene Umrechnung tatsächlich erzielt. Die größten Ringstärken h_a und h_i und die Seitenstärken y_a und y_i ergeben sich aus den h_{am} und h_{im} durch Hinzuzählen und Abziehen von $\frac{s}{2} = 0{,}19$ cm zu $h_a = 0{,}72 + 0{,}19 = 0{,}91$ cm, $y_a = 0{,}72 - 0{,}19 = 0{,}53$ cm, $h_i = 0{,}53 + 0{,}19 = 0{,}72$ cm und $y_i = 0{,}53 - 0{,}19 = 0{,}34$ cm.

Bei stärkeren und durch Walzen herzustellenden Ringen ist es aus walz- und härtetechnischen Rücksichten ratsam, die den Kegelflächen gegenüberliegenden Flächen der Ringe nicht zylindrisch (Abb. 76 und 77), sondern gewölbt auszuführen, wie dies Abb. 79 für einen Außenring zeigt. Die Begrenzungskurve muß dann so gelegt werden, daß sie die für zylindrische Begrenzung errechneten Flächeninhalte $b \cdot h_{am}$ und $b \cdot h_{im}$ der Ringquerschnitte nicht ändert. Daß der neue Außendurchmesser D_a' etwas größer und der neue Innendurchmesser D_i' etwas kleiner wird, als die der Rechnung zugrunde gelegten Werte D_a und D_i, muß man in Kauf nehmen und daher beim Entwurf den rechnerischen Außendurchmesser etwas kleiner wählen, als es bei zylindrischer Begrenzung der Ringe notwendig wäre.

Bei ausgesprochenen Pufferfedern — z. B. bei den Federn der Eisenbahnpuffer — ist es oft erwünscht, daß die Einheitsfederung beim Beginn des Pufferhubes ziemlich groß ist, mit zunehmender Eindrückung des Pufferstößels aber abnimmt. Bei der Ringfeder erreicht man dieses Ziel dadurch, daß man einen Teil der Innenringe an einer Stelle in einer Breite von einigen Millimetern aufschneidet. Unter Last arbeiten diese Innenringe (Schlitzringe) zunächst als *Biegefeder*, d. h. sie vermindern ihren Durchmesser nach Art der Kolbenringe solange, bis sich der Schlitz geschlossen hat. Steigt die Last weiterhin, so arbeiten sie wie die anderen Innenringe als Druckringe weiter. Da der Biegewiderstand eines offenen Ringes viel kleiner ist als der Druckwiderstand eines geschlossenen, ist die Einheitsfederung der Säule bis zum Schließen der Ringe wesentlich größer als danach. Die Kennlinie einer mit Schlitzringen ausgerüsteten Ringfedersäule stellt also einen aus zwei Ästen bestehenden gebrochenen Linienzug dar, dessen Knick durch das Schließen der Ringschlitze bestimmt ist. Die geschlitzten Innenringe werden zweckmäßig wenigstens annähernd als Körper gleicher Biegefestigkeit ausgebildet, d. h. man läßt die Ringstärke, die an der Schlitzstelle gleich derjenigen der geschlossenen Innenringe ist, gegen die dem Schlitz gegenüberliegende Stelle hin zunehmen. Selbstverständlich liefern so gestaltete Schlitzringe, wenn sie nach dem Schließen des Schlitzes als geschlossene Ringe weiterarbeiten, einen etwas kleineren Beitrag zur Federung der Säule als die geschlossenen Innenringe gleicher Wandstärke.

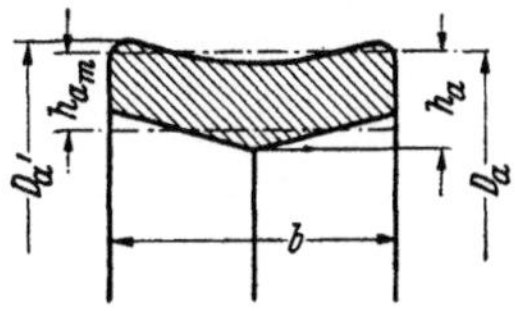

Abb. 79. Außenring mit gewölbter Begrenzungsfläche.

Selten betätigte Ringfedern werden mit einem guten Starrfett von der Art der Getriebefette geschmiert. Wenn Ringfedern im Dauerbetrieb arbeiten sollen, ist für die Abfuhr der Reibungswärme durch Luftkühlung oder Ölumlaufschmierung Sorge zu tragen.

GPSR Compliance

The European Union's (EU) General Product Safety Regulation (GPSR) is a set of rules that requires consumer products to be safe and our obligations to ensure this.

If you have any concerns about our products, you can contact us on ProductSafety@springernature.com

In case Publisher is established outside the EU, the EU authorized representative is:

Springer Nature Customer Service Center GmbH
Europaplatz 3
69115 Heidelberg, Germany

Batch number: 10682323

Printed by Printforce, the Netherlands